湖北省培养紧缺技能人才系列教材

楼宇管线敷设与测试

程志刚　主编

湖北省人才事业发展中心组织编写

中国劳动社会保障出版社

简介

本书为湖北省培养紧缺技能人才系列教材，主要内容包括安全规范，线槽加工与安装，线管加工与安装，桥架加工与安装，导线连接及绝缘恢复，配电箱配线、安装与测试，室内照明电路的安装与测试，典型控制电路的安装与调试共 8 个项目。

本书由程志刚任主编，冯骥任副主编，董喆、赵孟真、刘畅参加编写。

图书在版编目（CIP）数据

楼宇管线敷设与测试 / 程志刚主编 . -- 北京：中国劳动社会保障出版社，2022
ISBN 978-7-5167-5277-7

Ⅰ. ①楼…　Ⅱ. ①程…　Ⅲ. ①大厦 – 管道敷设 – 职业教育 – 教材②大厦 – 管道检测 – 职业教育 – 教材　Ⅳ. ①TU97

中国版本图书馆 CIP 数据核字（2022）第 100880 号

中国劳动社会保障出版社出版发行

（北京市惠新东街 1 号　邮政编码：100029）

*

北京市科星印刷有限责任公司印刷装订　　新华书店经销

787 毫米 ×1092 毫米　16 开本　11.25 印张　252 千字

2022 年 7 月第 1 版　　2022 年 7 月第 1 次印刷

定价：23.00 元

读者服务部电话：（010）64929211/84209101/64921644

营销中心电话：（010）64962347

出版社网址：http://www.class.com.cn

http://jg.class.com.cn

序

技术工人是支撑中国制造、中国创造的重要力量。习近平总书记在2020年全国劳动模范和先进工作者表彰大会上勉励广大劳动群众，“要适应新一轮科技革命和产业变革的需要，密切关注行业、产业前沿知识和技术进展，勤学苦练、深入钻研，不断提高技术技能水平”。

技术技能水平的提高是个系统工程，好的教材对技术技能水平的提高至关重要。多年来，湖北省人力资源和社会保障厅围绕实施国家高技能人才振兴计划和技能人才培养创新项目，面向经济社会发展急需紧缺职业（工种），组织开展品牌专业评审、精品教材开发，致力于服务技工教育和职业技能培训。

2020年，湖北省人力资源和社会保障厅组织全省技工院校骨干教师精心编写了湖北省培养紧缺技能人才系列教材。系列教材涉及新一代信息技术产业、智能制造产业、数字产业等战略性新兴产业领域，并依据实际情况对接了世界技能大赛技术标准，部分教材配有二维码数字资源及多媒体课件。教材编写借鉴学习了一体化课程教学改革理念，并力争将思想政治教育元素、工匠精神培育和安全生产意识等融入技能培养的各个环节。

本系列教材的开发，是湖北省技工院校开展一体化课程教学改革的积极探索和有益尝试，是湖北省技工教育最新成果的集中展示。期望教材既能为技工院校在校学生的学习提供内容先进、论述系统并适于教学的教材或参考书，也能为广大技能人才的知识更新与继续学习提供适合的参考资料。

2020年12月

序

2020 年 12 月

目录

项目一　安全规范

本项目主要讲解安全操作防范、安全用电和安全标志，重点培养学生的安全防范意识和良好的职业素养，要求学生熟练掌握触电急救方法，了解安全标志，自觉遵守《电工安全操作规程》《电力建设安全工作规程》以及其他相关规程规范。

任务 1　安全操作防范

任务目标

1. 熟悉常用的安全防护用品。
2. 熟悉安全操作注意事项。
3. 培养安全操作意识。

任务要求

本任务要求学生学习安全操作规范，思考进行电气安装前需要做好哪些安全操作防范，并列表说明。

相关知识

为确保施工人员安全和施工的顺利进行，必须贯彻执行《电工安全操作规程》《电力建设安全工作规程》以及其他相关的规程、规范。在施工时应牢固树立“安全第一”的思想，严格按照安全规章制度施工。

一、安全防护用品

在施工之前，一定要穿戴好安全防护用品，以确保人身安全。主要的安全防护用品见表 1-1-1。

表 1-1-1　　主要的安全防护用品

名称	图示	说明
护目镜		防溅入

续表

名称	图示	说明
绝缘鞋		防滑、防砸、防穿刺、防触电
工作服		1. 必须是长裤 2. 必须贴身、不松垮（达到“三紧”要求）
绝缘手套		防受伤、防触电
安全帽		用于保护头部，防撞击、坠物
防护耳罩		声音超过 85 dB 时必须戴防护耳罩

二、安全操作

1. 施工安全

施工现场的施工和维修必须由经过培训取得上岗证书的专业电工完成，电工的等级应与工程的难易程度和技术复杂性相适应，初级电工不允许进行中、高级电工作业。

电气安装施工人员需做到以下要求。

（1）施工人员应集中精力，电气线路在未经验电笔确定无电之前，一律视为“有电”，不可用手触摸，对于绝缘体，也应认为其有电。

（2）工作前应详细检查所用工具是否安全、可靠，穿戴好必需的安全防护用品，以防工作时发生意外。

（3）使用验电笔时要注意测试电压的范围，禁止超出范围使用。电工作业人员使用的验电笔，一般只允许在 500 V 以下的场合应用。

（4）工作中所有拆除的电线要妥善放置，带电线头要包好，以防发生触电。

（5）所用导线及熔丝，其容量必须符合相关标准。选择开关时，其容量必须大于所控制设备的总容量。

（6）工作完成后，必须拆除临时地线，并检查是否有工具等物品遗漏在施工现场。

（7）检查完工后，送电前必须认真检查施工是否符合要求，和有关人员沟通好之后，方能送电。

（8）发生火警时，应立即切断电源，用四氯化碳粉质灭火器或黄沙扑救，严禁用水扑救。

（9）工作结束后，清理施工现场，拆除警告牌。

2. 施工工具使用安全

定期对施工工具进行检查，若发现不安全因素，应立即整改，使其保持良好的状态。

在使用施工工具时需做到以下要求。

（1）所有绝缘、检验工具应妥善保管，严禁他用，并定期检查、校验。

（2）使用锤子时，锤头不得松动，力度要适中。

（3）加工管件时，必须扎紧袖口，束紧衣襟。严禁戴围巾或敞开衣襟操作。

（4）用人力弯管器弯管时，应选好场地，防止滑倒和坠落，操作时面部要避开设备。

（5）用管子穿线时，不得对管口吹气，防止导线弹力伤眼。穿线时，应两手互相配合，防止挤手。

（6）使用电钻时应禁止戴手套，袖口要扣紧；用力应均匀，转动部分未停止前严禁碰触；使用前应确认其电气绝缘良好。

（7）使用切割设备时，应确认其电气回路绝缘良好，外壳接地良好；操作人员应站在切割设备的侧面，切割设备的对面应放置隔离挡板，并严禁站人；切割片应固定牢固，干燥、无裂纹、无缺口；进行切割操作时应戴护目镜。

（8）使用打磨设备时，应检查电气回路的绝缘情况；磨光片应固定牢固，无受潮和裂纹；打磨时应戴护目镜，双手拿磨光机，正对面严禁站人；打磨结束待设备已停转后才可放下磨光机，并及时切断电源。

（9）对电工材料或设备放电时，应穿戴绝缘防护用品，用绝缘棒安全放电。

（10）用完万用表后，应将其置于电压最高挡后再关闭电源。

（11）在未确定导线是否带电的情况下，严禁用钢丝钳或其他工具同时切断两根及以上的导线。

（12）使用手持电动工具之前需按漏电保护器的试验按钮，检查其功能是否正常。

（13）使用拖线盘之前应检查其绝缘好坏，电源拉线有无损伤和裸露，漏电保护器动作是否正常；使用时不要强拉硬插，摆放位置应干燥，插座螺栓应紧固。

（14）验电笔、万用表、兆欧表等工具和仪表应由专业人员定期检查其可靠性，并妥善保管。

3. 电气设备调试、运行安全

在调试、运行电气设备时，应规范操作，保证安全。

电气安装施工人员应掌握的电气设备安全运行知识如下。

（1）安全用电基本知识和所用设备的性能。

（2）使用设备前必须按规定穿戴和配备好相应的安全防护用品。

（3）停用的设备必须拉闸断电，锁好开关箱。

（4）搬迁或移动用电设备，必须在切断电源并做妥善处理后进行。

（5）安装、检查、维修配电箱或开关箱时，必须将其前一级相应的电源开关分闸断电，并悬挂停电标示牌，严禁带电作业。

（6）一般情况下，在电气设备上工作均应停电操作。必须带电作业时，要采取安全措施，按带电作业规程操作。

（7）配电箱内盘面上应标明各回路的名称、用途，同时要做分路标记。

（8）电气箱内不允许放置任何杂物，并且应保持清洁，且箱内不得挂接其他临时用电设备。

（9）对于出现故障的电气设备，必须及时进行检修，以保障人身和电气设备的安全。

（10）所有的电气设备均应有保护性接地，低压电网要装设保护性中性线（接零）。

（11）电气设备一般不能受潮，要有防止雨水侵袭的措施。电气设备运行时，应具备良好的通风散热条件，接电源线端要经过漏电保护系统。

（12）应根据具体电气设备的特性和要求，采用特殊的安全防护措施。

（13）应选择合适的导线和用电器件，当电气设备增多、电功率过大时，应及时更换原有电路中不符合要求的导线、开关及有关设备。

（14）在电气设备的安装处应设安全标志。

任务实施

分成 5 ～ 6 人的讨论小组，充分学习讨论安全操作防范要求后完成表 1–1–2。

表 1–1–2　　实施记录

防护部位	佩戴安全防护用品	主要作用
头部		
眼睛		
足部		
手		

续表

防护部位	佩戴安全防护用品	主要作用
躯干		
耳朵		
口鼻		

任务测评

任务测评表见表 1–1–3。

表 1–1–3　任务测评表

序号	测评项目	标准	评分			备注
			自评	互评	师评	
1	学习态度（20 分）	积极参加团队学习和讨论，按时完成各项学习任务				
2	团队合作（20 分）	团队合作意识强，善于与人交流和沟通				
3	任务完成情况（60 分）	能正确佩戴安全防护用品，并指出其作用				
总分						

任务 2　安全用电

任务目标

1. 了解触电事故的原因和安全用电技术及措施。
2. 掌握触电急救的操作步骤。

任务要求

本任务要求学生学习安全用电的相关知识和触电急救方法，思考如果有人在工作中突然触电，你作为一名专业电工技术人员，应该怎么做。

相关知识

一、常见的触电事故

电能是人们日常生活和生产过程中应用最广泛的能源，它以清洁高效、使用方便及转换便捷等优点得到广泛应用。目前，电能已经成为人们生产、生活中不可或缺的必要元素之一。但随着电能的广泛应用，不当使用造成的危害也日益突出。

由于电能使用不当造成的危害主要有触电事故及电火灾两大类。减少危害的方法主要有制度防范、物理防范和技术防范 3 个方面。其中，制度防范包括掌握安全用电知识，学习触电、电火灾急救技能等；物理防范包括电气隔离、保护接地、保护接零等；技术防范包括漏电保护开关在内的防护产品的使用。

造成触电事故和电火灾的原因主要有人为原因和电气设备原因。人为原因造成的触电事故和电火灾，主要是由使用者缺乏必要的安全用电知识，或对安全用电知识不够重视，存在疏忽和侥幸心理，存在不遵守电气设备安装、运行及检修规程和安全操作规程的现象引起的。电气设备原因造成的触电事故和电火灾，主要是由检修更换不及时造成的电气设备绝缘老化，或电气设备安装不当或损坏引起的。

二、安全用电技术及措施

常用的安全用电技术有隔离、绝缘、保护接地（保护接零）、防护切断及安全电压等，具体见表 1-2-1。

表 1-2-1　　安全用电技术

技术手段	说明
隔离	采用设置屏护和间距等措施把危险的带电体与外界隔离开来的安全防护措施
绝缘	将绝缘材料包封在带电导体外面的安全防护措施
保护接地（保护接零）	将电气设备不带电的金属外壳与大地做可靠电连接的防触电措施称为保护接地；将电气设备不带电的金属外壳与保护零线做可靠电连接的防触电措施称为保护接零
防护切断	在线路中接入漏电保护器（或其他相应的保护设备），当电气设备外壳带电时，立即切断电源，从而起到安全防护作用的措施
安全电压	电气设备采用低电压供电，即使存在漏电现象，触电者也不会有危险的安全防护措施

常用的安全用电措施如下。

1. 不乱拉电线。

2. 不随意更换其他规格或其他材料的熔丝。

3. 不使用绝缘层已破损的电气设备。

4. 不采用直接拉拔插头的方法切断电源。

5. 不在一个插座上接过多或功率过大的用电设备。

6. 不在未切断电源的情况下清洁电气线路。

7. 不使用未做良好保护接地（接零）的电气设备。

三、触电急救

1. 使触电者迅速脱离电源

（1）低压电源触电

1）拉。附近有电源开关或插座时，应立即拉下电源开关或拔掉电源插头。

2）切。若一时找不到断开电源的开关，应迅速用绝缘完好的钢丝钳或断线钳剪断电线，以断开电源。

3）挑。对于由电线绝缘损坏造成的触电，救护人员可用绝缘工具或干燥的木棍等将电线挑开（救护人员注意自己防止跨步电压触电）。

4）拽。救护人员可戴上手套或在手上包缠干燥的衣服等绝缘物品拖拽触电者；也可站在干燥的木板、橡胶垫等绝缘物品上，用一只手将触电者拖拽开。

（2）高压电源触电

发现有人在高压设备上触电时，救护人员应戴上绝缘手套、穿上绝缘鞋后拉开电闸。

2. 触电急救前的准备工作

（1）观察触电者是否清醒

如果触电者神志清醒，让触电者静坐并留人观察即可；如果触电者神志不清醒，应进行急救前的检查。

（2）急救前的检查

使触电者仰卧平躺在干燥的地面上，松开触电者的衣领和裤带，并在颈部枕垫软物，清除触电者口腔中的异物，使触电者呼吸道畅通，然后检查其呼吸、心跳等情况。其具体方法是：救护人员将手指放置在触电者鼻翼下，检查触电者有无呼吸；救护人员用手指触摸触电者颌下喉结旁的凹陷处，检查触电者有无颈动脉搏动；翻开触电者的眼睑，查看触电者瞳孔有无放大。

（3）拨打 120

拨打急救电话时，要与医护人员讲清相关地址、伤害程度等信息。

3. 实施触电急救

根据触电者的情况不同，应采取正确的触电急救措施。

（1）口对口人工呼吸

1）适用范围。口对口人工呼吸的对象是有心跳但无呼吸的触电者。

2）操作方法。在保持触电者气道通畅的同时，救护人员用手捏住触电者鼻翼，救护人员平静吸气后，与触电者口对口紧合，在不漏气的情况下，先连续大口吹气 2 次，每次吹气时间 1 s 以上。除开始大口吹气 2 次外，正常口对口人工呼吸的吹气量无须过大，但要使触电者的胸部膨胀，每 5 ～ 6 s 吹气一次（对触电儿童每 3 ～ 5 s 吹气一次）。每吹完一次气，放松捏着鼻子的手，让气体从触电者肺部排出，如此反复进行，直到触电者苏醒为止。

（2）胸外心脏按压

1）适用范围。胸外心脏按压的对象是无心跳但有呼吸的触电者。

2）操作方法。将触电者仰卧在平硬的地方，救护人员站立或跪在触电者一侧胸旁，救护人员的两肩位于触电者胸骨正上方，两臂伸直，两手掌根相重叠，手指翘起，将下面手的掌根部置于触电者心脏按压位置上。以髋关节为支点，利用上身的重力，垂直将正常成人胸骨压陷 5 ～ 6 cm。以足够的速率（每分钟 100 ～ 120 次为宜，每次按压和放松的时间相等）和幅度进行按压，保证每次按压后胸廓充分回弹，按压间歇避免双手倚靠在触电者胸壁，尽可能减少按压中断并避免过度通气。

（3）口对口人工呼吸与胸外心脏按压交替进行

1）适用范围。该方法适用于心跳、呼吸俱无的触电者（一般触电者出现瞳孔放大的现象）。

2）操作方法。一人急救时，两种方法应交替进行，先按压心脏 30 次，再吹气 2 次，且速度都应快些；两人急救时，按照 30 : 2 交替进行。

任务实施

在教师的引导下，各组同学讨论，绘制急救过程流程图。

任务测评

任务测评表见表 1–2–2。

表 1–2–2　　任务测评表

序号	测评项目	标准	评分			备注
			自评	互评	师评	
1	学习态度（20 分）	积极参加团队学习和讨论，按时完成各项学习任务				
2	团队合作（20 分）	团队合作意识强，善于与人交流和沟通				
3	任务完成情况（60 分）	急救过程流程图层次感清晰，注意事项突出				
总分						

任务 3 安全标志

任务目标

1. 了解安全标志的分类及特点。

2. 熟悉常见安全标志的含义。

任务要求

本任务要求学生搜集生活、工作中常见的安全标志，记录到表格中。

相关知识

安全标志是向工作人员警示工作场所或周围环境的危险状况，指导人们采取合理行为的标志。安全标志能够提醒工作人员预防危险，从而避免事故发生；当发生危险时，能够指示人们尽快逃离，或者指示人们采取正确、有效、得力的措施，对危害加以遏制。

安全标志符合《安全标志及其使用导则》（GB 2894—2008），它主要分为禁止标志、警告标志、指令标志、提示标志和补充标志。

一、禁止标志

禁止标志是禁止人们不安全行为的图形标志。禁止标志的基本形式是带斜杠的圆边框（其图形符号为黑色，背景为白色）。我国规定的禁止标志共有 40 个，如禁止吸烟、禁止烟火、禁止带火种、禁止用水灭火、禁止合闸、禁止通行、禁止攀登、禁止戴手套等。

二、警告标志

警告标志是提醒人们对周围环境引起注意，以避免可能发生危险的图形标志。警告标志的基本形式是三角形边框（其图形符号为黑色，背景为有警告含义的黄色）。我国规定的警告标志共有 39 个，如注意安全、当心火灾、当心爆炸、当心触电、当心机械伤人、当心吊物、当心伤手、当心坠落、当心跌落等。

三、指令标志

指令标志是强制人们必须做出某种动作或采用防范措施的图形标志。指令标志的基本形式是圆形边框（其图形符号为白色，背景为具有指令含义的蓝色）。指令标志共有 16 个，如必须戴安全帽、必须穿防护鞋、必须系安全带、必须戴防护眼镜、必须戴防毒面具、必须戴防护手套、必须穿防护服等。

四、提示标志

提示标志是向人们提供某种信息（如标明安全设施或场所等）的图形标志。提示标志的基本形式是正方形边框（其图形符号及文字为白色，背景为绿色）。提示标志共有 8 个，如紧急出口、避险处、应急避难场所、可动火区、击碎板面、急救点、应急电话、紧急医疗站。

五、补充标志

补充标志是对前述 4 种标志的补充说明，以防误解。

补充标志分为横写和竖写两种。横写的为长方形，写在标志的下方，可以和标志连在一起，也可以分开；竖写的写在标志的上方。

补充标志的颜色：竖写的，均为白底黑字；横写的，用于禁止标志的用红底白字，用于警告标志的用白底黑字，用于指令标志的用蓝底白字。

部分图形标志见表 1–3–1。

表 1–3–1　　　部分图形标志

序号	图形标志	名称	设置范围和地点
1		禁止合闸	维修线路要采取必要的措施，在开关手把上或线路上悬挂“禁止合闸”的标示牌，以防止他人中途送电
2		禁止戴手套	使用电动工具时（如电钻）应禁止戴手套。本标志用于使用电动工具的场所，用来提醒操作人员，以防止发生意外
3		注意安全	用于易造成人员及设备伤害的场所，用来进行警告
4		当心触电	用于有可能发生触电危险的电气设备和线路，如配电箱、开关、高压线路等
5		当心滑倒	在施工过程中要注意因为潮湿等原因造成的滑倒

续表

序号	图形标志	名称	设置范围和地点
6		当心火灾	注意电气管路导致的火灾
7		当心坠落	高空作业时要注意防止坠落
8		必须戴防护手套	在进行特殊设备及线路维护时，为保证操作人员的人身安全，防止触电，必须戴防护手套
9		必须加锁	为了避免无关人员的操作造成人身及设备的损害，必须将控制柜加锁
10		必须戴安全帽	用于头部易受外力伤害的作业场所

任务实施

分组讨论，搜集常见的安全标志，并完成表 1–3–2（注意不要与表 1–3–1 中的内容重复）。

表 1–3–2　　常见的安全标志及含义

序号	图形标志	含义	备注
1			

续表

序号	图形标志	含义	备注
2			
3			
4			
5			
6			
7			

任务测评

任务测评表见表 1-3-3。

表 1-3-3　任务测评表

序号	测评项目	标准	评分			备注
			自评	互评	师评	
1	学习态度（20 分）	积极参加团队学习和讨论，按时完成各项学习任务				
2	团队合作（20 分）	团队合作意识强，善于与人交流和沟通				
3	任务完成情况（60 分）	能说出常见安全标志的含义				
总分						

项目二　线槽加工与安装

任务1　认识线槽及其加工工具

任务目标

1. 熟悉常见线槽的种类和规格，并能正确选用。
2. 熟悉常见的线槽配件，并能正确选用。
3. 熟悉常见的线槽固定配件，并能正确选用。
4. 熟悉常见的线槽加工工具，并能正确选用。

任务要求

实训室有一批线槽，要求学生根据相关要求进行线槽分类，并选配线槽配件及其加工工具。

相关知识

一、常见的线槽

线槽又称走线槽、配线槽、行线槽，是用来将电源线、数据线等线材进行规范的整理，固定在墙上或者天花板上的电工耗材。

1. 方形 PVC 线槽

常见的规格有 24 mm × 14 mm、40 mm × 20 mm、60 mm × 40 mm、100 mm × 50 mm、120 mm × 50 mm 等，如图 2-1-1 所示。

2. U 形 PVC 行线槽

常见的规格有 20 mm × 15 mm、25 mm × 25 mm、30 mm × 30 mm、40 mm × 30 mm 等，如图 2-1-2 所示。

图 2-1-1　不同规格的方形 PVC 线槽

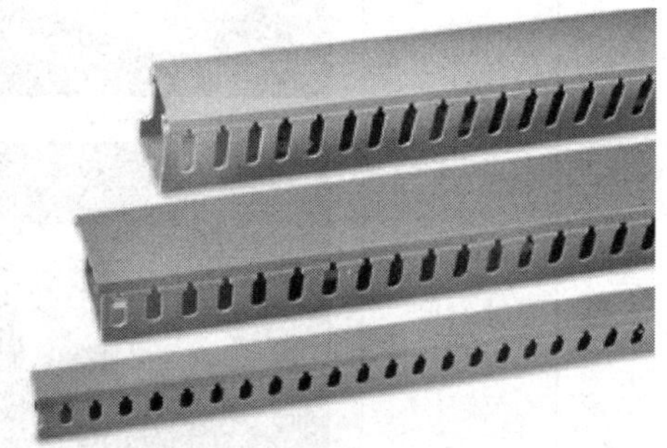

图 2-1-2　不同规格的 U 形 PVC 行线槽

3. 金属线槽

常见的金属线槽有铝合金线槽和不锈钢线槽，铝合金线槽的型号有 3 号、4 号、5 号、6 号等，不锈钢线槽的型号有 3 号、4 号、5 号、7 号等，如图 2–1–3 所示。

a）

b）

图 2–1–3　金属线槽

a）铝合金线槽　b）不锈钢线槽

二、常见的线槽配件

线槽配件主要用于线槽的连接和固定。常见的线槽配件见表 2–1–1。

表 2–1–1　　**常见的线槽配件**

序号	配件名称	图片	用途	备注
1	阳角	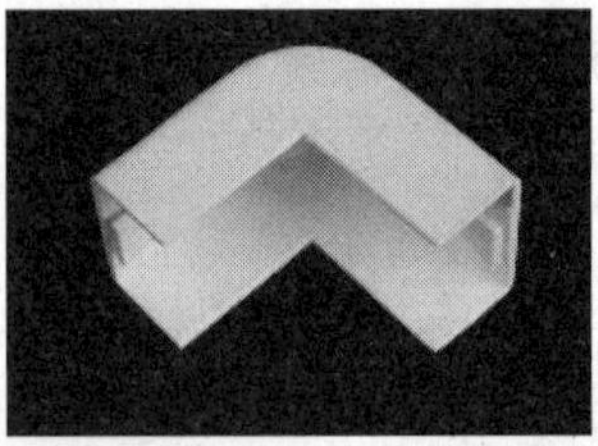	主要用于线槽的转向	
2	阴角		主要用于线槽的转向	
3	直转角		主要用于线槽的转向	

续表

序号	配件名称	图片	用途	备注
4	平三通		主要用于线槽的分支	
5	接头		主要用于线槽的接续	
6	终端头		主要用于线槽的封堵	
7	堵头		主要用于线槽的封堵	120 mm × 50 mm 线槽的堵头
8	固定架		主要用于线槽内插座、开关等的固定	120 mm × 50 mm 线槽的固定架
9	分线架		主要用于线槽内导线的分线	120 mm × 50 mm 线槽的分线架

三、常见的线槽固定配件

线槽固定配件主要用于线槽在墙面、地面等场所的固定。

1. 膨胀螺栓

膨胀螺栓主要用于水泥墙、砖墙等的固定，如图 2–1–4 所示。

2. 塑料膨胀管膨胀螺钉

塑料膨胀管膨胀螺钉主要用于强度较低的墙体的固定，如图 2–1–5 所示。

图 2–1–4　膨胀螺栓

图 2–1–5　塑料膨胀管膨胀螺钉

3. 自攻螺钉

自攻螺钉主要用于木板的固定，如图 2–1–6 所示。

a）

b）

图 2–1–6　自攻螺钉

a）圆头自攻螺钉　b）平头自攻螺钉

四、常见的线槽加工工具

1. 切割工具

（1）角度剪

角度剪主要用于塑料小线槽的裁剪，不能用于金属线槽的裁剪，如图 2–1–7 所示。

（2）手工锯

手工锯常用于塑料线槽的裁剪，也可用于金属线槽的裁剪，详细介绍参考本项目任务 2。

（3）角度锯

角度锯主要用于塑料大中小线槽的裁剪，不能用于金属线槽的裁剪，如图 2–1–8 所示。

在使用角度锯时，先打开调整角度的卡扣，一般向上抬扶手下方的卡扣，根据要求调整锯口至合适的角度，然后锁好卡扣就可以进行切割了。

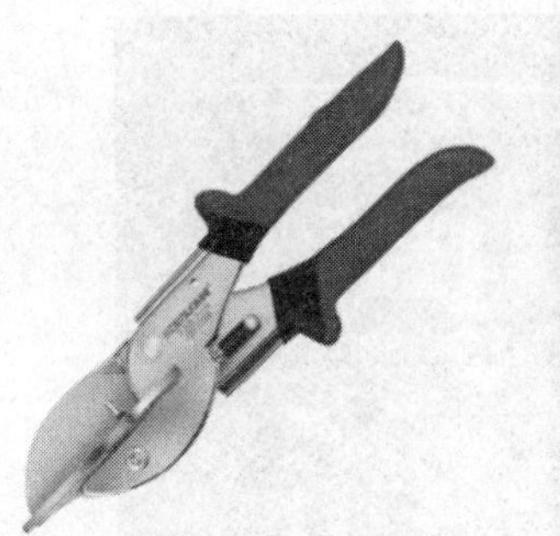
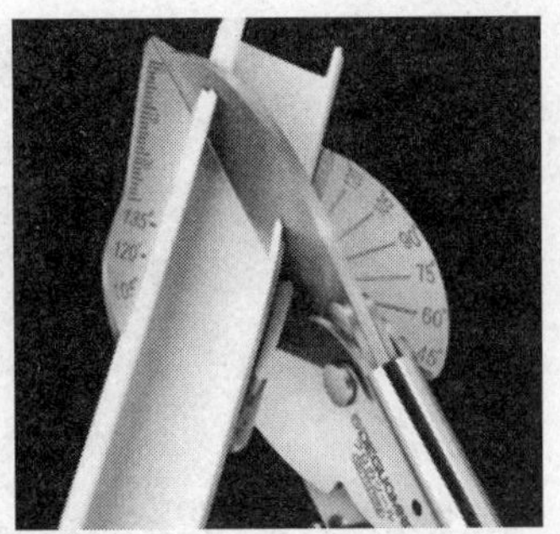

图 2-1-7 角度剪

a）

b）

图 2-1-8 角度锯
a）手动角度锯 b）电动角度锯

2. 安装工具

（1）手电钻

手电钻也称电动旋具，主要分为交流手电钻和直流手电钻两种，可用于松紧螺钉，也可用于在金属、塑料、木材等材料上钻孔，如图 2-1-9 所示。

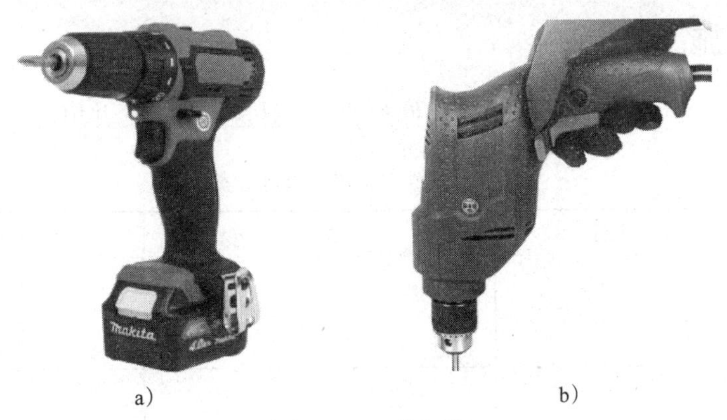

a） b）

图 2-1-9 手电钻
a）直流手电钻 b）交流手电钻

（2）电锤

电锤也称冲击钻，主要用于坚硬的墙面或地面开槽孔等，如图 2-1-10 所示。

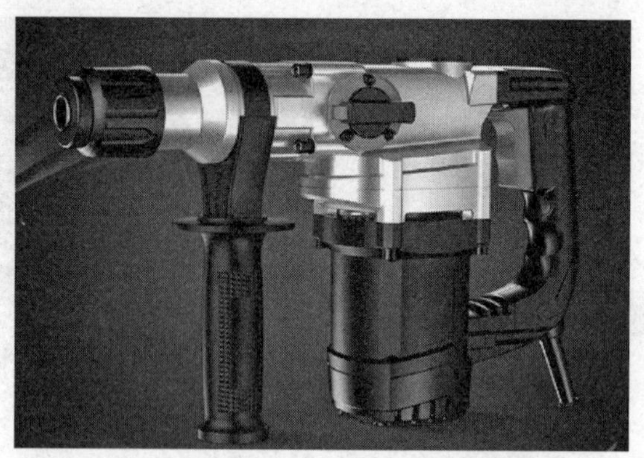

图 2-1-10　电锤

（3）旋具

旋具分为一字旋具和十字旋具两种类型，是用于手动紧固和拆卸螺钉的工具。

（4）活扳手

活扳手是用于紧固和拆卸螺母的工具，如图 2-1-11 所示。

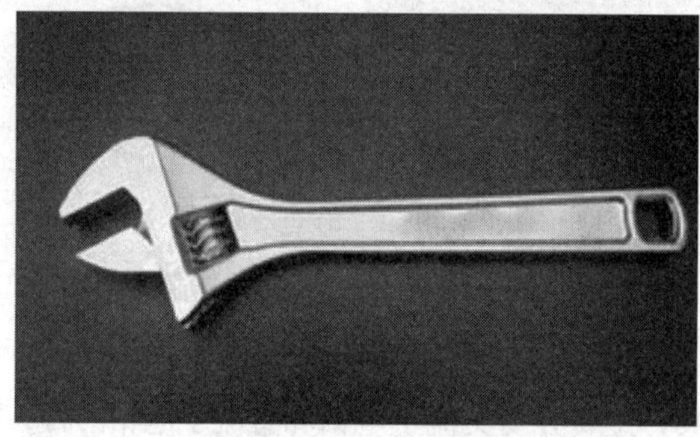

图 2-1-11　活扳手

任务实施

根据任务要求，对车间内的线槽、配件和加工工具进行分类，并填写于表 2-1-2 中。

表 2-1-2　　线槽、配件和加工工具的分类

线槽种类	相应配件	切割工具	安装工具

任务测评

任务测评表见表 2-1-3。

表 2-1-3 任务测评表

序号	测评项目	标准	评分			备注
			自评	互评	师评	
1	学习态度（20 分）	积极参加团队学习和讨论，按时完成各项学习任务				
2	团队合作（20 分）	团队合作意识强，善于与人交流和沟通				
3	任务完成情况（60 分）	能对车间内的线槽、配件和加工工具进行分类				
总分						

任务 2 线槽的切割加工

任务目标

1. 熟悉台虎钳的结构、类型、安装与维护方法。
2. 熟悉手工锯常用的锯条类型。
3. 能使用手工锯、角度锯、台虎钳等工具进行线槽的切割加工。

任务要求

实训室有一批管材，要求学生根据任务书的要求进行线槽的切割加工，任务书图纸如图 2-2-1 所示。

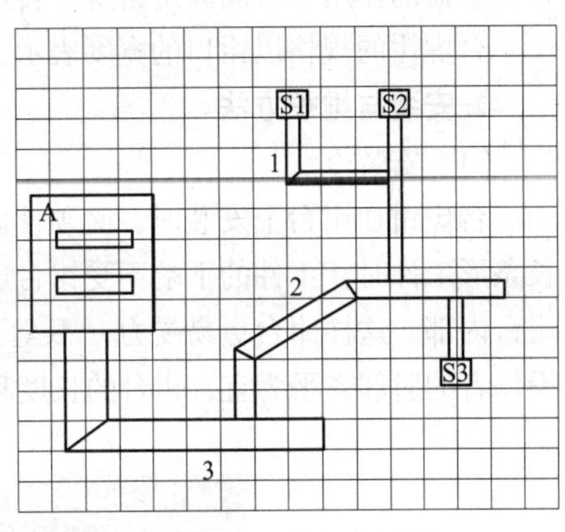

图 2-2-1 任务书图纸
1—40 mm × 20 mm PVC 线槽
2—60 mm × 40 mm PVC 线槽
3—120 mm × 50 mm PVC 线槽
A—照明配电箱 S1、S2、S3—86 型明盒

相关知识

一、台虎钳

台虎钳又称虎钳，如图 2-2-2 所示。台虎钳是用来夹持工件的通用夹具，装置在工作台上，为钳工车间必备的工具之一。转盘式的钳体可以旋转，使工件旋转到合适的工作位置。

图 2-2-2 台虎钳

1. 结构和类型

台虎钳按固定方式分，有固定式台虎钳和回转式台虎钳等；按功能分，有带砧台虎钳和不带砧台虎钳两种。

回转式台虎钳的结构如图 2–2–3 所示。回转式台虎钳主要由活动 / 固定钳身、转盘座、夹紧盘、夹紧手柄、丝杠螺母、丝杠、活动 / 固定钳口等组成。活动钳身通过导轨与固定钳身的导轨做滑动配合。丝杠装在活动钳身上，可以旋转，但不能做轴向移动，其与安装在固定钳身内的丝杠螺母配合。当摇动手柄使丝杠旋转时，可以带动活动钳身相对于固定钳身做轴向移动，起夹紧或放松的作用。弹簧借助挡圈和开口销固定在丝杠上，其作用是当放松丝杠时，可以使活动钳身及时地退出。在固定钳身和活动钳身上分别装有钢制钳口，并用螺钉固定。钳口的工作面上制有交叉的网纹，使工件夹紧后不易产生滑动。钳口经过热处理淬硬，具有较好的耐磨性。固定钳身装在转盘座上，并能绕转盘座轴心线转动，当转到要求的方向时，扳动夹紧手柄使夹紧螺钉旋紧，便可在夹紧盘的作用下紧固固定钳身。转盘座上有 3 个螺栓孔，用于与钳台固定。

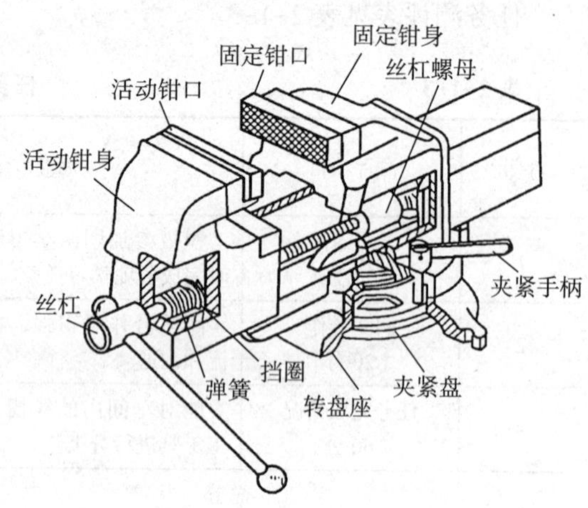

图 2–2–3　回转式台虎钳的结构

台虎钳的规格以钳口的宽度表示，有 100 mm、125 mm、150 mm 等。

2. 安装与维护方法

（1）安装方法

台虎钳在钳台上安装时，必须使固定钳身的钳口工作面处于钳台边缘以外，以保证夹持长条形工件时，工件的下端不受钳台边缘的阻碍，如图 2–2–4 所示。转盘座的中间孔应朝向钳台内部，这样钳台更易受力，不至于压坏钳台。台虎钳的安装高度一般以钳口高度刚好与操作者的肘部齐平为宜，钳台的长度和宽度根据实际情况确定。

图 2–2–4　台虎钳在钳台上的安装

（2）维护方法

1）台虎钳必须牢固地固定在钳台上，3 颗压紧螺钉必须旋紧，以使台虎钳的钳身在加工时没有松动现象，否则会损坏台虎钳和影响加工。

2）在夹紧工件时只允许用手扳动夹紧手柄，不能用锤子或其他套筒扳动夹紧手柄，以免损坏丝杠、丝杠螺母或钳身。

3）不能在钳口上敲击工件（应在固定钳身的平台上进行），否则会损坏钳口。

4）丝杠、丝杠螺母和其他滑动表面要求经常保持清洁，并加油润滑。

5）强力作业时，应尽量使力朝向固定钳身。

二、手工锯

手工锯由锯弓和锯条组成，如图 2-2-5 所示，其主要性能取决于锯条，切割材料不同，锯条也不同，常见的锯条有双金属锯条、碳化砂锯条、高速钢锯条和碳钢锯条 4 种。

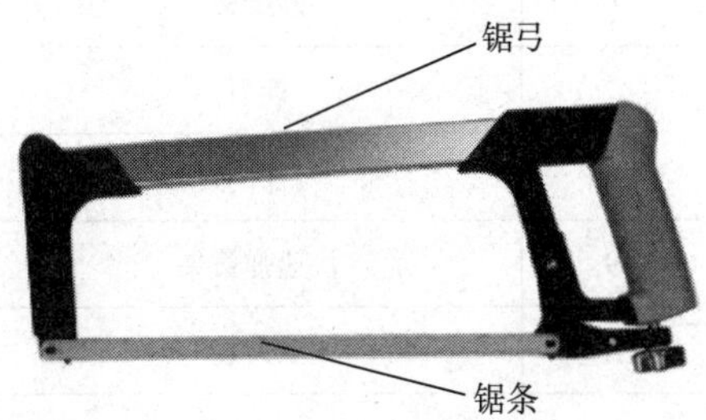

图 2-2-5 手工锯结构示意图

1. 双金属锯条

双金属锯条是由两种金属焊接而成的锯条，由碳钢锯身和高速钢锯齿组成，用于切割管件、实心体、木材、塑料及所有可加工的金属。相比单金属锯条，其耐热性及耐磨损性更好，使用寿命更长，柔韧性强，可以有效避免在切割过程中锯条发生断裂、破损。

2. 碳化砂锯条

碳化砂锯条主要用于切割玻璃、硬化钢、绞合光纤及瓷砖。其耐热性及耐磨损性优越，可以切割所有其他锯片或锯条不能切割的物质。

碳化砂锯条的切削速度：切削硬质合金可达 300 mm/min，切削大理石可达 100 mm/min，切削花岗石可达 40 mm/min，是传统往复锯或线切割效率的几十倍，其切口很窄（只有 1.2 ～ 2 mm），与传统的往复锯和圆盘锯相比可节省 6 ～ 10 倍的原料。

3. 高速钢锯条

高速钢锯条用于切割管件、实心体、木材、塑料及所有可加工的金属。其硬度较高，柔韧性强，适合与张力较小的锯架配套使用。其锯条背面中心处没有经过硬化，在切割过程中应注意避免其破裂。

4. 碳钢锯条

碳钢锯条用于切割管件、实心体、木材、塑料及所有可加工金属。其成本较低，比较通用。

任务实施

一、主要工具、材料准备

工具清单见表 2-2-1，材料清单见表 2-2-2。

表 2-2-1　　工具清单

序号	名称	数量	备注
1	铅笔	1 支	
2	钢卷尺	1 把	
3	量角器（角度尺）	1 个	
4	手工锯	1 把	含锯条
5	角度锯	1 把	含锯条
6	砂纸架	1 个	
7	锉刀	1 把	
8	陶瓷刮刀	1 把	
9	快速弹簧夹	1 个	
10	工具袋	1 个	
11	台虎钳	1 台	

表 2-2-2　　材料清单

序号	名称	规格	数量
1	PVC 线槽	40 mm × 20 mm	若干
2	PVC 线槽	60 mm × 40 mm	若干
3	PVC 线槽	120 mm × 50 mm	若干

二、用手工锯切割线槽

1. 根据工件材料选择合适的锯条。

2. 将锯条安装在锯弓上，锯齿应朝前，安装应松紧适当，如图 2-2-6 所示。

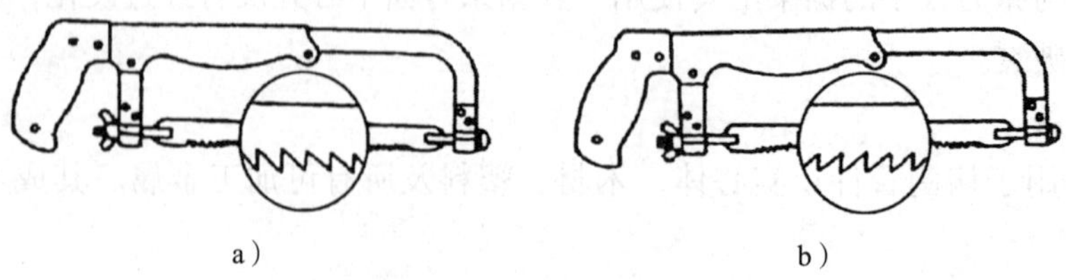

a）　　b）

图 2-2-6　锯条安装示意图
a）正确　b）错误

3. 根据任务书图纸，选好线槽，检查线槽是否有损坏，如有损坏，应进行更换。

4. 定位测量：根据任务书图纸要求，使用钢卷尺测量出线槽的截取尺寸，并使用角度尺测量出角度尺寸，用铅笔画线，确定切口位置。

5. 用台虎钳夹住线槽，线槽伸出钳口不应过长，以防止锯削时产生振动。锯线应与钳口边缘平行。线槽夹在台虎钳的左边，以便于操作和防止线槽被夹变形及损坏已加工完成的线槽表面。

6. 在台虎钳上锯削线槽时，操作人员身体正前方与台虎钳中心线成大约 45° 角，右脚与台虎钳中心线成 75° 角，左脚与台虎钳中心线成 30° 角。握锯时右手握锯柄，左手扶锯弓，如图 2–2–7 所示。推力和压力的大小主要由右手控制，左手压力不要太大。

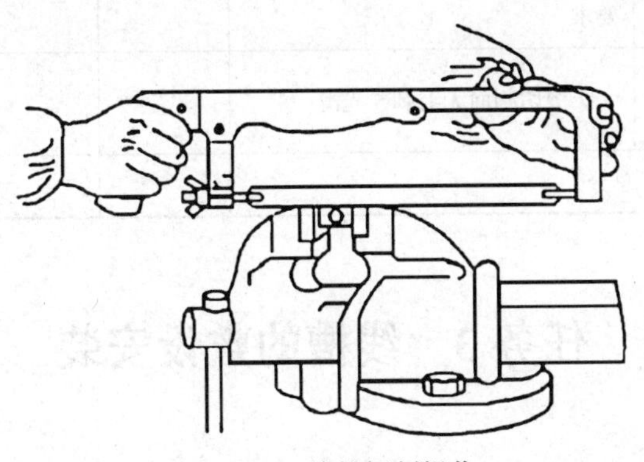

图 2–2–7 线槽锯削操作

7. 起锯角度不要超过水平 15°。为使起锯的位置准确和平稳，起锯时可用左手拇指挡住锯条的方法来定位。

8. 线槽切割完后，使用锉刀或砂纸架将切口处理平齐、光滑，以防止划伤人及其他元器件。

二、用角度锯切割线槽

角度锯分为手动角度锯和电动角度锯两类，操作步骤类似，这里以手动角度锯为例进行介绍。

1. 在操作台上固定好角度锯，同时安装好锯条。

2. 根据任务书图纸，选好线槽，检查线槽是否有损坏，如有损坏，应进行更换。

3. 定位测量：根据任务书图纸要求，使用钢卷尺测量出线槽截取尺寸，并在角度锯上调整出需要加工的角度尺寸，用铅笔画线，确定切口位置。

4. 用快速弹簧夹固定好线槽，锯条切口和画线方向一致。

5. 在角度锯上锯削线槽时，频率不宜过快，用力需均匀。

6. 线槽切断后，使用锉刀或砂纸架将切口处理平齐、光滑，以防止划伤人及其他元器件。

施工完成后，需对施工质量进行检查，不合格需要返工。

任务测评

任务测评表见表 2–2–3。

表 2-2-3　　任务测评表

序号	测评项目	标准	评分			备注
			自评	互评	师评	
1	线槽切割长度（25 分）	线槽切割长度符合任务书图纸要求				
2	线槽切割角度（25 分）	线槽切割角度符合任务书图纸要求				
3	线槽切割面（50 分）	线槽切割面无毛刺、光滑				
总分						

任务 3　线槽的敷设安装

任务目标

1. 熟悉线槽敷设安装的材料要求。
2. 掌握线槽敷设安装的操作工艺。
3. 能正确进行线槽的敷设安装。

任务要求

实训室有一批线槽，要求学生根据任务书图纸要求进行线槽的敷设安装，任务书图纸如图 2-2-1 所示。

相关知识

一、材料要求

1. 金属线槽型号规格应符合设计要求，金属线槽及其附件应采用经过镀锌处理的定型产品，其型号、规格应符合设计要求。

2. 塑料线槽及其附件型号、规格应符合设计要求，并选用相应的定型产品。其敷设场所的环境温度不得低于 -15 ℃，其阻燃性能氧指数不应低于 27%。

3. 线槽内外应光滑、平整，无毛刺，不应有扭曲、翘边等变形现象，并有产品合格证。

二、操作工艺

线槽敷设安装工艺流程图如图 2-3-1 所示。

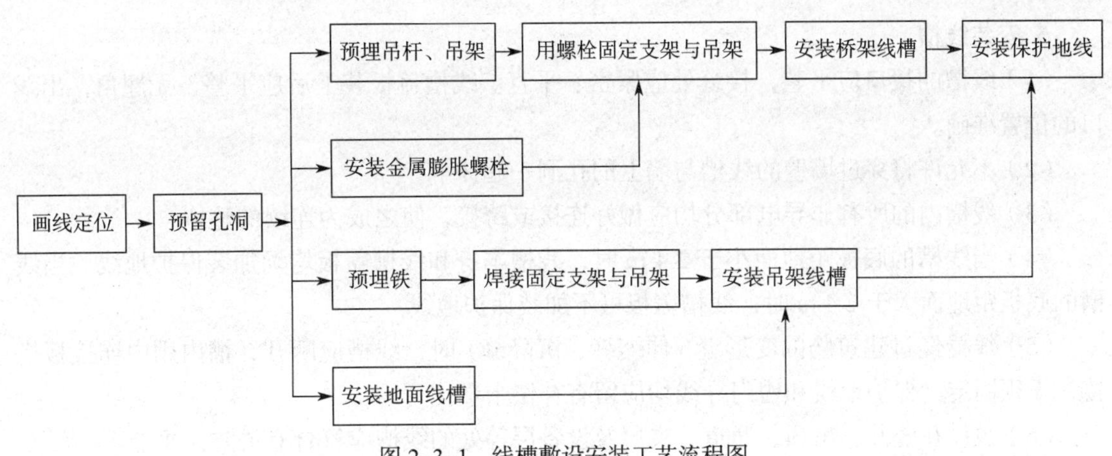

图 2-3-1 线槽敷设安装工艺流程图

1. 画线定位

（1）按任务书图纸确定始端至终端线路，找好水平或垂直线，用粉线袋或笔沿墙、顶棚、楼板、柱、梁等画线定位。

（2）按设计图的要求分匀档距，标出支/吊架、托架的位置。

2. 预留孔洞

根据任务书图纸标注的轴线部位，将预制加工好的木质或铁质框架固定在标出的位置上，并进行调直找正，待现浇混凝土凝固、模板拆除后，拆下框架，并抹平孔洞口。

3. 预埋吊杆、吊架

（1）采用直径不小于 8 mm 的圆钢，经过切割、调直、煨弯及焊接等步骤制作成吊杆、吊架。其端部应攻丝以便于调整。在配合土建结构中，应随着钢筋绑扎配筋的同时，将吊杆或吊架锚固在所标出的固定位置。在进行混凝土浇筑时应留有专人看护，以防吊杆或吊架移位。拆模板时不得碰坏吊杆端部的丝扣。

（2）在轻钢龙骨上敷设线槽时应各自有单独的卡具吊装或支撑系统，吊杆直径不应小于 8 mm；支撑应固定在主龙骨上，不允许固定在辅助龙骨上。

4. 安装金属膨胀螺栓

（1）沿着墙壁或顶板根据任务书图纸进行画线定位，标出固定点的位置。

（2）钻孔直径误差不得超过 −0.3 ～ +0.5 mm，深度误差不得超过 ±3 mm，钻孔后应将孔内残存的碎屑清除干净。

（3）根据支架或吊架承受的荷重，选择相应的金属膨胀螺栓及钻头，所选钻头长度应大于套管长度。

（4）用木锤（或垫上木块后，用铁锤）将金属膨胀螺栓敲进孔内，应保证套管与建筑物表面平齐、金属膨胀螺栓端部外露，敲击时不得损伤金属膨胀螺栓的螺纹。固定好金属膨胀螺栓后，其头部偏斜值不大于 2 mm。

（5）埋好金属膨胀螺栓后，可用螺母配上相应的垫圈将支架或吊架直接固定在金属膨胀螺栓上。

5. 安装线槽

（1）线槽的接口应平整，接缝处应紧密、平直。线槽盖板装上后应平整、无翘角，出线口的位置准确。

（2）不允许将穿过墙壁的线槽与墙上的孔洞一起抹平。

（3）线槽内的所有非导电部分均应做好连接或跨接，使之成为连续的整体。

（4）当线槽的底板距地面小于 2.4 m 时，线槽本身和线槽盖板均须加装保护地线。当线槽的底板距地面大于 2.4 m 时，线槽盖板可不加装保护地线。

（5）线槽经过建筑物的变形缝（伸缩缝、沉降缝）时，线槽应断开，槽内用内连接板搭接，无须固定。保护地线和槽内导线均应留有补偿余量。

（6）敷设在竖井、吊顶、通道、夹层及设备层等处的线槽应符合有关防火要求。

（7）线槽直线段连接应采用连接板，用垫圈和螺母紧固，连接处缝隙应严密、平齐。

（8）建筑物表面如有坡度时，线槽应随坡度变化。待线槽全部敷设完成后，应在配线之前进行坡度调整和检查。

（9）吊装金属线槽：万能型吊具一般应用在钢结构中，如工字钢、角钢、轻钢龙骨等结构，可预先将吊具、卡具、吊装器组装成一个整体，在标出的固定点处进行吊装，逐件将吊装器具压接在钢结构上，将顶丝拧牢。

（10）出线口处应利用出线口盒进行连接，末端部位要装上封堵，在盒、箱、柜进出线处采用抱脚连接。

（11）安装地面线槽时，应及时配合土建地面工程施工。根据地面的形式不同，先找平，然后测定固定点位置，将安装完地脚螺栓和压板的线槽水平放置在垫层上，然后进行线槽连接。如线槽与管连接、线槽与分线盒连接、分线盒与管连接、线槽出线口连接等，都应安装到位，并用螺钉紧固牢靠。地面线槽及附件全部安装好后，再进行一次系统性的调整，主要根据地面厚度仔细调整线槽干线、分支线、分线盒接头以及转弯、转角、出口等处，水平高度要求与地面平齐，将各种盒盖盖好或封堵严实，以防止砂浆进入，直至配合土建地面施工结束为止。

6. 安装保护地线

（1）保护地线应根据任务书图纸要求敷设在线槽内的一侧，接地处螺钉直径不应小于 6 mm，并且需要加平垫圈和弹簧垫圈，用螺母锁紧。

（2）宽度在 100 mm 以内（含 100 mm）的保护地线用金属线槽，线槽两端用连接板连接处，每端的螺钉固定点不少于 4 个；宽度在 200 mm 以上（含 200 mm）的保护地线用金属线槽，线槽两端用连接板连接处，每端的螺钉固定点不少于 6 个。

任务实施

一、主要工具、材料准备

工具清单见表 2–3–1，材料清单见表 2–3–2。

表 2-3-1　　工具清单

序号	名称	数量	备注
1	铅笔	1 支	
2	钢卷尺	1 把	
3	量角器	1 个	
4	角度锯	1 把	含锯条
5	手工锯	1 把	含锯条
6	手电钻（带批头）	1 个	
7	砂纸架	1 个	
8	陶瓷刮刀	1 把	
9	水平尺	1 把	

表 2-3-2　　材料清单

序号	名称	规格	数量
1	PVC 线槽	40 mm × 20 mm	若干
2	PVC 线槽	60 mm × 40 mm	若干
3	PVC 线槽	120 mm × 50 mm	若干
4	自攻螺钉	M4	若干

二、线槽敷设安装

1. 读图分析，标注尺寸和需要注意的地方。
2. 根据读图结果在施工区域进行画线标注。
3. 根据图纸选取材料进行施工。
4. 根据图纸计算出所需 PVC 线槽的长度。
5. 用钢卷尺测量出所需 PVC 线槽的长度，并用铅笔进行画线标注，然后用手工锯截取相应长度的 PVC 线槽。
6. 根据图纸计算出 PVC 线槽的切割点。
7. 用角度尺在线槽上画出切割线。
8. 用手工锯或角度锯对 PVC 线槽进行切割，切割完成后需要用陶瓷刮刀进行毛刺处理。
9. 将切割好的线槽对应墙上的安装线进行安装。

注意事项：切割过程中必须戴好手套和护目镜，安装时线槽必须紧贴安装线并进行水平测量，线槽内侧左右各用两颗螺钉固定，距离超过 1 m 时必须在中间再加两颗螺钉。

任务测评

任务测评表见表 2-3-3。

表 2-3-3　　任务测评表

序号	测评项目	标准	评分			备注
			自评	互评	师评	
1	线槽安装尺寸（20 分）	误差不超过 ±2 mm				
2	线槽水平度（20 分）	水平尺水准泡在标准位置				
3	线槽连接处间隙（20 分）	间隙≤1 mm				
4	线槽安装固定（15 分）	安全、牢固，无晃动				
5	线槽表面（10 分）	整洁、无损坏				
6	线槽拼接位置（15 分）	线槽毛刺处理和打磨符合要求				
总分						

操作视频

线槽的加工与安装（40 mm × 20 mm）

线槽的加工与安装（60 mm × 40 mm）

线槽的加工与安装（120 mm × 50 mm）

项目三　线管加工与安装

任务 1　认识线管及其加工工具

任务目标

1. 熟悉常见线管的种类和规格，并能正确选用。
2. 熟悉常见的线管配件，并能正确选用。
3. 熟悉常见的线管加工工具，并能正确选用。

任务要求

实训室有一批线管，要求学生根据相关要求进行分类，并选配线管配件及其加工工具。

相关知识

一、常见的线管

1. PVC 线管

PVC（polyvinyl chloride，聚氯乙烯）是一种热塑性树脂材质，其具有良好的力学性能，抗拉强度 60 MPa 左右。在制管过程中添加一些辅助剂，可使 PVC 线管具有难燃、耐酸碱、耐磨、绝缘性良好等性能。PVC 线管如图 3–1–1 所示。

2. 金属线管

金属线管（图 3–1–2）的材质多为不锈钢，多用作电线、电缆的保护管。超小口径的不锈钢穿线管（内径 3 ～ 25 mm）主要用于精密光学尺中传感器线路的保护和工业传感器线路的保护，具有柔软性好、耐蚀性好、耐高温、耐磨、抗拉强度高等特点。

图 3–1–1　PVC 线管

图 3–1–2　金属线管

3. UPVC 线管

UPVC（unplasticized polyvinyl chloride，硬聚氯乙烯）线管是一种以聚氯乙烯树脂为原料，不含增塑剂的塑料管材。其具有耐蚀性好、柔软性好、质量轻、运输方便等性能。UPVC 线管如图 3-1-3 所示。

图 3-1-3　UPVC 线管

二、常见的线管配件

线管配件主要用于线管的连接、固定及端接等。

1. 线管杯梳

线管杯梳（图 3-1-4）用于线管与线槽的连接，以防止线管头部毛刺划伤导线。

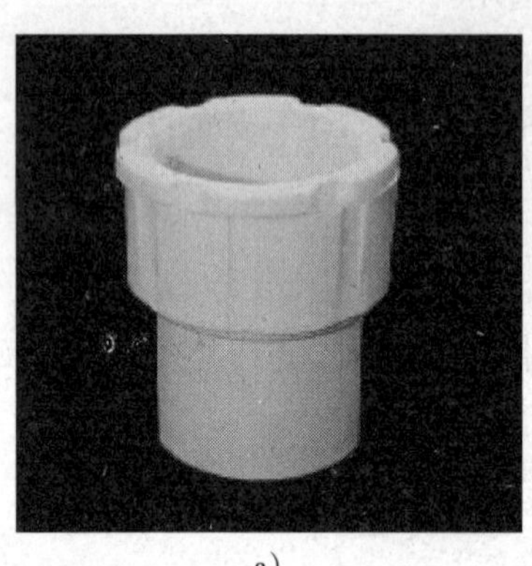

a）

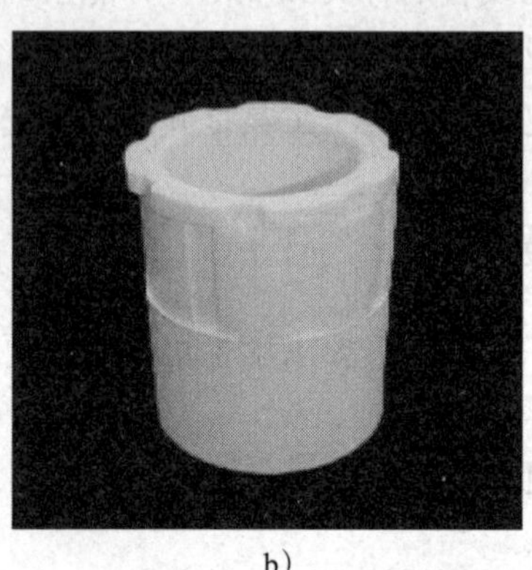

b）

图 3-1-4　线管杯梳

a）ϕ16 mm 线管杯梳　b）ϕ20 mm 线管杯梳

2. 线管直通管弯头

线管直通管弯头主要用于线管的延长连接，如图 3-1-5 所示。

3. 线管直角弯头

线管直角弯头主要用于线管直角拐弯的延长连接，如图 3-1-6 所示。

图 3-1-5　线管直通管弯头

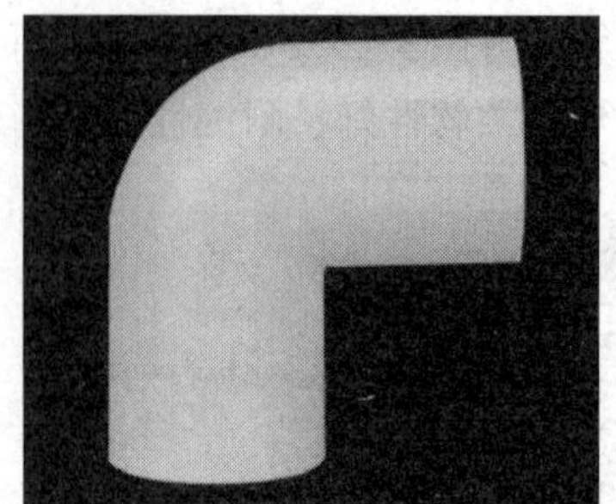

图 3-1-6　线管直角弯头

4. 线管三通

线管三通主要用于线管的分支连接，如图 3-1-7 所示。

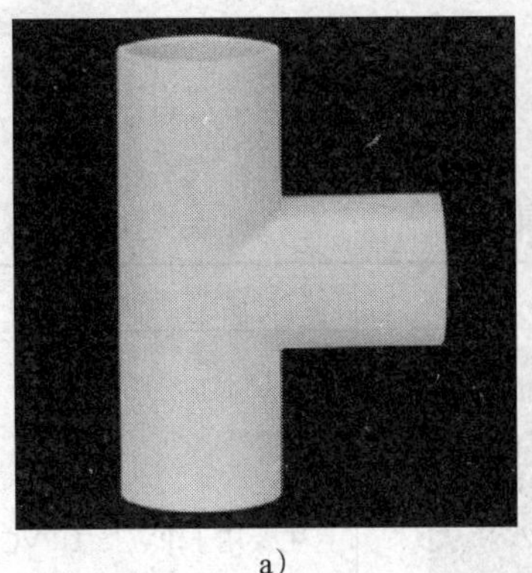
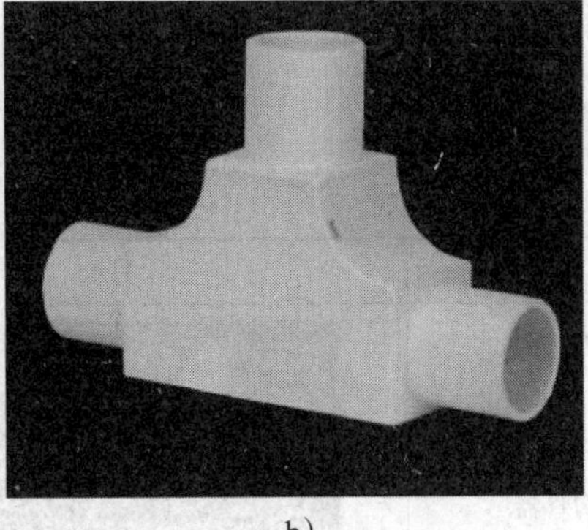

a）　　　　b）

图 3-1-7　线管三通

a）不带盖式　b）带盖式

5. 线管管卡

线管管卡主要用于线管的固定，如图 3-1-8 所示。

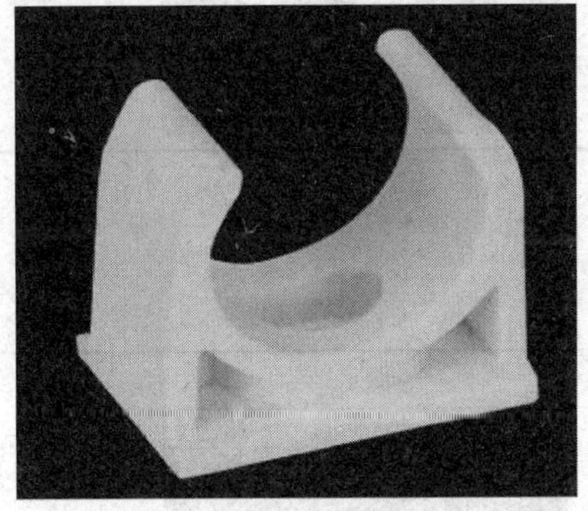

图 3-1-8　线管管卡

6. 线管堵头

线管堵头分为内堵头和外堵头两种，主要用于线管末端的封堵，如图 3-1-9 所示。

a）　　　　b）

图 3-1-9　线管堵头

a）外堵头　b）内堵头

三、常见的线管加工工具

1. 切割工具（表 3-1-1）

表 3-1-1　　切割工具

切割工具	图示	作用
PVC 线管切管器	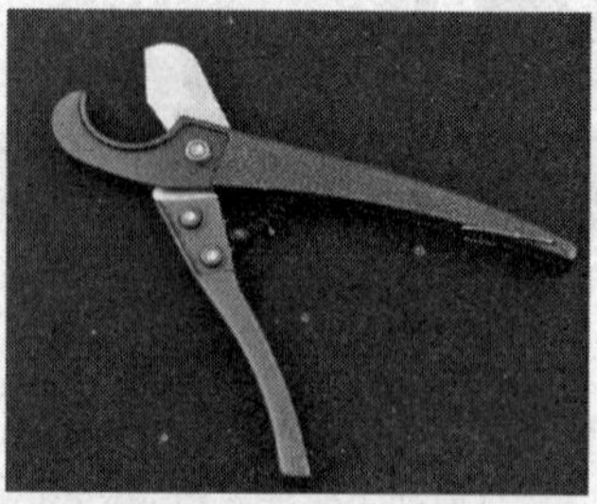	主要用于 PVC、UPVC 等线管的切割
金属线管切管器		主要用于金属线管的切割

2. 弯管工具（表 3-1-2）

表 3-1-2　　弯管工具

弯管工具	图示	作用
弯簧	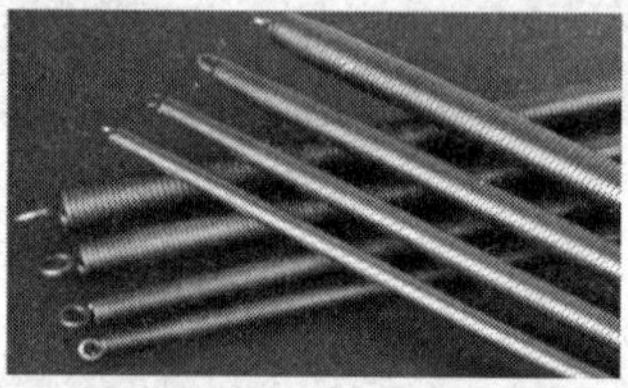	主要用于 PVC 线管的冷弯
热风枪	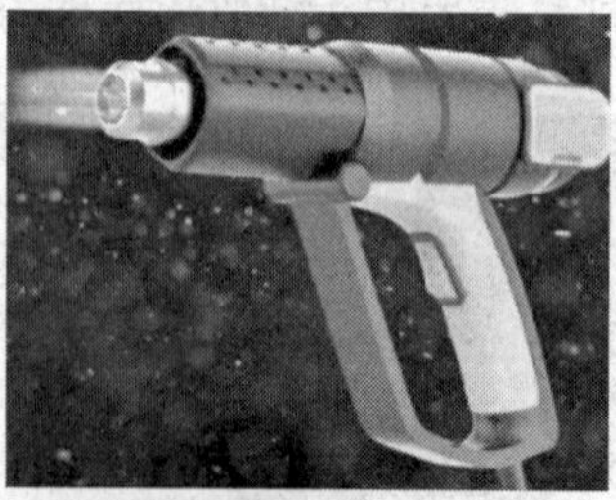	主要用于 PVC、UPVC 等线管的热弯
金属线管弯管器		主要用于金属线管的冷弯

任务实施

根据任务要求，对车间内的线管、配件和加工工具进行分类，并填写于表 3–1–3 中。

表 3–1–3　　线管、配件和加工工具的分类

线管种类	配件	加工工具

任务测评

任务测评表见表 3–1–4。

表 3–1–4　　任务测评表

序号	测评项目	标准	评分			备注
			自评	互评	师评	
1	学习态度（20 分）	积极参加团队学习和讨论，按时完成各项学习任务				
2	团队合作（20 分）	团队合作意识强，善于与人交流和沟通				
3	任务完成情况（60 分）	能对车间内的线管、配件和加工工具进行分类				
总分						

任务 2　线管的切割加工

任务目标

1. 掌握线管的切割操作。

2. 能熟练使用切割工具进行线管的切割加工。

任务要求

实训室有一批管材，要求学生根据任务书的要求进行切割加工，任务书图纸如图 3-2-1 所示。

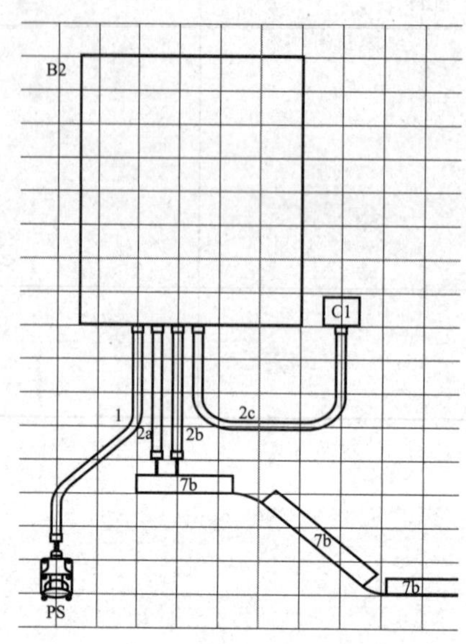

图 3-2-1　任务书图纸

B2—照明配电箱　1—ϕ20 mm 金属线管　2a—ϕ16 mm PVC 线管　2b—ϕ20 mm PVC 线管　2c—ϕ20 mm UPVC 线管　7b—网孔式金属桥架　PS—电源插座　C1—信号插座

任务实施

一、主要工具、材料准备

工具清单见表 3-2-1，材料清单见表 3-2-2。

表 3-2-1　　工具清单

序号	名称	数量	备注
1	铅笔	1 支	
2	钢卷尺	1 把	
3	手工锯	1 把	含锯条
4	量角器（角度尺）	1 个	
5	PVC 线管切管器	1 个	
6	金属线管切管器	1 个	
7	砂纸架	1 个	

续表

序号	名称	数量	备注
8	陶瓷刮刀	1把	
9	工具袋	1个	

表 3-2-2 材料清单

序号	名称	规格	数量
1	PVC 线管	ϕ20 mm、ϕ16 mm	若干
2	UPVC 线管	ϕ20 mm	若干
3	金属线管	ϕ20 mm	若干

二、用手工锯切割线管

具体操作方法参考线槽的切割加工部分。

三、用切管器切割线管

1. 切割 PVC/UPVC 线管

PVC/UPVC 线管可以使用配套的 PVC 线管切管器进行截取，在切割过程中，应边转动线管边进行裁剪，使刀口更容易切入线管。刀口切入管壁后，应停止转动线管（保证切口较为平整），再继续切割，直到线管切断为止。线管切断后，应将断口用砂纸架等工具进行打磨。PVC/UPVC 线管的切割如图 3-2-2 所示。

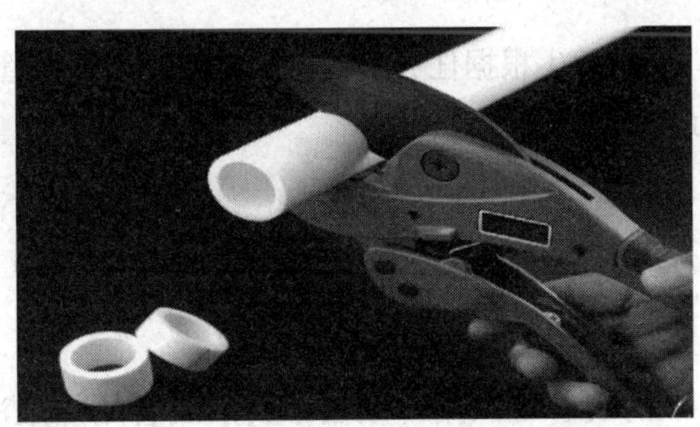

图 3-2-2 PVC/UPVC 线管的切割

2. 切割金属线管

金属线管可以使用配套的金属线管切管器进行截取，在切割过程中，首先固定金属线管，然后不停地旋转金属线管切管器，直到线管切断为止。线管切断后，应将断口用砂纸架等工具进行打磨。

任务测评

任务测评表见表 3-2-3。

表 3-2-3　　任务测评表

序号	测评项目	标准	评分			备注
			自评	互评	师评	
1	线管切割长度（40分）	切割长度符合任务书图纸要求				
2	线管切割断面（40分）	平整、光滑，无毛刺				
3	线管切割表面（20分）	干净、光滑，无破损				
总分						

任务 3　线管的弯管加工

任务目标

1. 掌握冷煨法和热煨法的操作技能。
2. 能正确进行线管的弯管和连接。

任务要求

实训室有一批管材，要求学生根据任务书的要求对线管进行弯管加工，并进行连接。任务书图纸如图 3-2-1 所示。

相关知识

一、冷煨法

管径在 25 mm 及以下的线管可以用冷煨法，其余线管用热煨法。冷煨法有以下两种方法。

1. 将线管插入配套的弯管器内，用手扳弯管器，以煨出所需的弯度。

2. 将弯簧插入管内需煨弯处，两手握住弯簧两端头，将膝盖顶在被弯处，用手扳弯簧，将线管煨出所需的弯度，然后抽出弯簧（当弯曲较长的线管时，可用铁丝或尼龙线拴牢弯簧的一端，以便于抽出）。

二、热煨法

用电炉、热风枪等加热线管煨弯处，待线管被加热到可以随意弯曲时，立即将线管放在木板上，固定其中一端，使用弯簧逐步煨出所需的弯度，并用湿布抹擦，使弯曲部位冷却定型。不得因煨弯使线管出现烤伤、变色、破裂等现象。

任务实施

一、主要工具、材料准备

工具清单见表 3–3–1，材料清单见表 3–3–2。

表 3–3–1 工具清单

序号	名称	数量	备注
1	钢卷尺	1 把	
2	铅笔	1 支	
3	PVC 线管切管器	1 个	
4	金属线管切管器	1 个	
5	弯簧	1 个	
6	砂纸架	1 个	
7	线管杯梳（含金属线管杯梳）	若干	
8	热风枪	1 把	
9	金属线管弯管器	1 个	
10	湿布	1 块	

表 3–3–2 材料清单

序号	名称	规格	数量
1	PVC 线管	ϕ20 mm、ϕ16 mm	若干
2	UPVC 线管	ϕ20 mm	若干
3	金属线管	ϕ20 mm	若干

二、线管的弯管

1. PVC 线管的冷弯

（1）根据任务书图纸要求，计算出所需 PVC 线管的长度。

（2）截取相应的长度，一般截取的长度大于实际长度 10 cm 左右即可。

（3）在线管的起弯点用铅笔画线做好标记（弯曲半径是管径的 4 ～ 6 倍）。

（4）选择合适的线管弯簧，并在弯簧的一端绑扎好牵拉线。

（5）将弯簧放入 PVC 线管内并放到合适的位置（保证弯簧受力点居中）。

（6）蹲下用膝盖下方位置顶住线管铅笔画线位置，两手均匀用力弯曲线管，直到弯曲到所需的弯度为止。

（7）将弯好的 PVC 线管放到安装位置进行比对，用 PVC 线管切管器切除多余的长度。

（8）用砂纸架对断面进行打磨，去掉毛刺，弯管制作结束。

2. 金属线管的冷弯

（1）根据任务书图纸要求，计算出所需金属线管的长度。

（2）截取相应的长度，一般截取的长度大于实际长度 10 cm 左右即可。

（3）在线管的起弯点用铅笔画线做好标记（弯曲半径是管径的 4 ～ 6 倍）。

（4）将金属线管放到金属线管弯管器合适的位置，用力均匀且缓慢按压进行弯管，边弯边看，以防止变形。

（5）将弯好的金属线管放到安装位置进行比对，用金属线管切管器切除多余的长度。

（6）用砂纸架对断面进行打磨，去掉毛刺，弯管制作结束。

3. UPVC 线管的热弯

（1）根据任务书图纸要求，计算出所需 UPVC 线管的长度。

（2）截取相应的长度，一般截取的长度大于实际长度 10 cm 左右即可。

（3）在线管的起弯点用铅笔画线做好标记（弯曲半径是管径的 4 ～ 6 倍）。

（4）用热风枪对 UPVC 线管进行均匀加热。

（5）当 UPVC 线管加热变软时，将其弯曲到合适的弯度。

（6）用湿布进行冷却定型。

（7）将弯好的 UPVC 线管放到安装位置进行比对，用 PVC 线管切管器切除多余的长度。

（8）用砂纸架对断面进行打磨，去掉毛刺，弯管制作结束。

三、线管的连接

1. 选择与线管匹配的杯梳。

2. 将杯梳拧开，一端套在线管上，另一端内的锁母通过箱、盒内部旋紧。

任务测评

任务测评表见表 3-3-3。

表 3-3-3　　任务测评表

序号	测评项目	标准	评分			备注
			自评	互评	师评	
1	线管尺寸（20 分）	截取尺寸正确				
2	线管弯管（30 分）	弯曲过渡圆滑，弯曲半径正确				
3	线管表面（20 分）	整洁，无损坏				
4	线管连接（30 分）	连接牢固				
总分						

操作视频

线管（PVC）的加工与安装（直角弯制作）

线管（金属）的加工与安装（直角弯制作）

线管（UPVC）的加工与安装（直角弯制作）

任务 4 线管的敷设安装

任务目标

1. 熟悉 PVC 线管明敷设安装规范。
2. 熟悉 PVC 线管暗敷设安装规范。
3. 能正确进行线管的敷设安装。

任务要求

实训室有一批管材，要求学生根据任务书的要求进行敷设安装。任务书图纸如图 3–2–1 所示。

相关知识

一、PVC 线管明敷设安装规范

1. 适用范围

PVC 线管明敷设适用于室内线路管材的敷设安装（不得在 40 ℃以上、易受机械冲击或碰撞摩擦等场所敷设）。

2. 施工准备

（1）材料要求

1）凡所使用的阻燃型塑料管，其材质应具有阻燃性和耐冲击性，其氧指数不应低于 27% 的阻燃指标，并应有检验报告单和产品出厂合格证。

2）阻燃型塑料管的外壁应有间距不大于 1 m 的连续阻燃标记和制造厂厂标；管内外应光滑，无凸棱、凹陷、针孔和气泡；内外径尺寸应符合国家统一标准，管壁厚度应均匀。

3）所用阻燃型塑料管附件及明配阻燃型塑料制品，如各种灯头盒、开关盒、接线盒、插座盒及管箍等，必须使用配套的阻燃型塑料制品。

（2）主要工具

铅笔、水平尺、钢卷尺、钢直尺、线坠、羊角锤、手工锯、平锉、弯管器、弯簧、手电钻、开孔器、绝缘手套、工具袋、人字梯等。

3. 按照任务书图纸加工支架、吊架、抱箍、铁件及管弯

具体操作参考前面的任务。

4. 测定盒、箱及管路固定点位置

（1）按照任务书图纸测出盒、箱、出线口等的准确位置。测量时，应使用标准尺杆画线定位。

（2）根据测定的盒、箱位置，标出管路的垂直点水平线，并按照任务书图纸要求标出支架、吊架固定点具体的位置和尺寸。

5. 管路敷设

（1）断管：小管径线管可使用切管器切断，大管径线管使用手工锯锯断，并将管口锉平齐。

（2）敷设线管时，先将管卡一端的螺钉（栓）拧紧一半，然后将线管敷设于管卡内，并逐一拧紧。

（3）支架、吊架的安装位置应正确、间距均匀，管卡应平正、牢固；支架的埋入深度不应小于 120 mm，用螺栓穿墙固定时，应加垫圈和弹簧垫并用螺母紧固。

（4）线管水平敷设时，其距地高度应不低于 2 m；垂直敷设时，其距地高度应不低于 1.5 m（1.5 m 以下应加保护管保护）。

（5）线管长度超过下列情况时，应加装接线盒。

1）管路无弯时，30 m。

2）管路有 1 个弯时，20 m。

3）管路有 2 个弯时，15 m。

4）管理有 3 个弯时，8 m。

5）如无法加装接线盒时，应将线管直径加大一号。

（6）支架、吊架及敷设在墙上的管卡固定点与盒、箱边缘的距离为 150 ～ 300 mm。

（7）管路中间距离见表 3-4-1。

表 3-4-1　　管路中间距离　　mm

安装方式	支架			
	间距			允许偏差
	20①	25 ～ 40	50	
垂直	1 000	1 500	2 000	± 30
水平	800	1 200	1 500	± 30

①管径，mm。

（8）配线与管道间的最小距离见表 3–4–2。

表 3–4–2　配线与管道间的最小距离　mm

管道名称		最小距离	
		穿管配线	绝缘导线明配线
蒸气管	平行	1 000（500）①	1 000（500）
	交叉	300	300
热水管	平行	300（200）	300（200）
	交叉	100	100
通风、上下水、压缩空气管	平行	100	200
	交叉	50	100

①括号内的数据为管道纵向排列时的最小距离，括号外的数据为管道横向排列时的最小距离。

（9）直线管每隔 30 m 应加装补偿装置，将补偿装置的接头套入直线管并粘牢，然后将小头一端插入卡环中，小头可在卡环内滑动。

（10）可以使用钢管将 PVC 线管引出地面，但需制作合适的过渡专用接箍，并把接箍埋在混凝土中，钢管外壳做接地或接零保护。

（11）管路入盒、箱处一律采用端接头与内锁母连接，要求连接平整、牢固。向上的立管口应采用端帽护口，以防止异物堵塞管路。

6. 质量标准

（1）主控项目

阻燃型塑料管及其附件材质氧指数达到 27% 以上的性能指标；阻燃型塑料管不得在室外高温和易受机械损伤的场所明敷设。

（2）一般项目

1）管路连接时，配管及其支架、吊架应平直、牢固、排列整齐；管路弯曲处无明显折皱、凹扁现象。

2）盒、箱设置正确，固定可靠，线管插入盒、箱时，应使用杯梳对接。采用端接与内锁母时，应拧紧盒壁，使其不松动（检查方法：观察和用尺量检查）。

3）管路保护应符合以下规定：线管穿过变形缝处应有补偿系统，补偿系统能活动自如，补偿系统平正，管口光滑，内锁母与线管连接可靠；线管穿过建筑物和设备基础处应加装保护管。

（3）允许偏差项目

硬质塑料管的弯曲半径、允许偏差和检验方法应符合表 3–4–3 的规定。

7. 成品保护

（1）施工用人字梯时，不得碰撞墙、门；不得靠墙面立人字梯；人字梯脚应有包扎物，以防其划伤地板或造成人员滑倒。

表 3-4-3　　硬质塑料管的弯曲半径、允许偏差和检验方法

<table>
<tr><th>序号</th><th colspan="3">项目</th><th>弯曲半径或允许偏差</th><th>检验方法</th></tr>
<tr><td rowspan="3">1</td><td rowspan="3">线管最小弯曲半径</td><td colspan="2">暗配管</td><td>≥6D①</td><td rowspan="3">用尺量检查及查阅安装记录</td></tr>
<tr><td rowspan="2">明配管</td><td>线管只有一个弯</td><td>≥4D</td></tr>
<tr><td>线管有两个以上的弯</td><td>≥6D</td></tr>
<tr><td>2</td><td colspan="3">线管弯曲处的弯曲度</td><td>≤0.1D</td><td>用尺量检查</td></tr>
<tr><td rowspan="4">3</td><td colspan="2" rowspan="4">明配管固定点的间距</td><td>15 ～ 20②</td><td>± 30 mm</td><td rowspan="4">用尺量检查</td></tr>
<tr><td>25 ～ 30</td><td>± 40 mm</td></tr>
<tr><td>40 ～ 50</td><td>± 50 mm</td></tr>
<tr><td>65 ～ 100</td><td>± 60 mm</td></tr>
<tr><td rowspan="2">4</td><td colspan="2" rowspan="2">明配管水平、垂直敷设任意 2 m 段内</td><td>水平度</td><td>± 3 mm</td><td>接线、用尺量检查</td></tr>
<tr><td>垂直度</td><td>± 3 mm</td><td>吊线、用尺量检查</td></tr>
</table>

①、②线管直径，mm。

（2）搬运物件及设备时不得砸伤管路及盒、箱。

8. 应注意的质量问题

管路敷设时出现垂直与水平方向超偏差、管卡间距不均匀；固定管卡前未拉线，造成水平误差；用钢卷尺测量数据有误。应使用水平尺复核，让起点和终点保持水平，画线后再固定管卡。

二、PVC 线管暗敷设安装规范

1. 适用范围

PVC 线管暗敷设适用于一般建筑内照明系统的敷设安装（不得在高温场所及顶棚内敷设）。

2. 施工准备

材料要求和主要工具同 PVC 线管明敷设安装规范。

3. 画线定位

（1）根据任务书图纸要求，确定盒、箱的位置，并进行画线定位，然后测量出盒、箱的准确位置并标出其尺寸。

（2）根据任务书图纸灯位要求，进行测量后，标出灯头盒的准确位置和尺寸。

（3）根据任务书图纸要求，测量确定需要预埋开关盒的位置和尺寸。

4. 加工管弯

按煨弯工艺加工管弯，使之符合工艺要求。

5. 管路连接

（1）管路应使用套箍连接。具体操作方法为用刷子蘸黏结剂并将黏结剂均匀涂抹在线管外壁上，然后将线管插入套箍。

（2）管路垂直或水平敷设时，每隔 1 m 应有一个固定点，在弯曲部位以圆弧中心点为起点距两端 300 ～ 500 mm 处各加一个固定点。

（3）线管进盒、箱时应一管一孔，先接端接头，然后用内锁母将线管固定在盒、箱上，用顶帽型护口堵好管口，最后用纸或泡沫塑料块堵好盒口。

（4）扫管后应确认管路畅通，及时穿好线，并将管口、盒口、箱口堵好，加强成品配管保护，防止出现二次堵塞管路等现象。

6. 质量标准

（1）主控项目

1）金属穿线管和线槽必须可靠接地或接零。

2）金属穿线管不作为设备的接地导体，当无具体设计要求时，金属穿线管与接地线或接零线的连接应不少于两处。

3）金属穿线管严禁对口熔焊连接；镀锌和壁厚≤2 mm 的钢导管不得套管熔焊连接。

（2）一般项目

1）室外导管的管口应设置在盒、箱内。在落地式配电箱内的管口，箱底无封板的，管口应高出基础面 50 ～ 80 mm。所有管口在穿入电线、电缆后应做密封处理。

2）电缆导管的弯曲半径不应小于电缆最小允许弯曲半径。

3）明配的导管应排列整齐，固定点间距均匀，安装牢固；距终端、弯头中点或柜、台、箱、盘等边缘 150 ～ 500 mm 范围内设有管卡。直线段管卡间的最大距离应符合表 3-4-4 的规定。

表 3-4-4　　直线段管卡间的最大距离

敷设方式	导管种类	导管直径 /mm				
		15 ～ 20	25 ～ 32	32 ～ 40	50 ～ 65	65 以上
		管卡间的最大距离 /m				
支架或沿墙明敷	刚性绝缘导管	1.0	1.5	1.5	2.0	2.0

4）线槽应安装牢固，无扭曲变形，紧固件的螺母应在线槽外侧。

（3）应注意的质量问题

1）预埋盒、箱有歪斜，暗盒、箱有凹进、凸出墙面等现象，盒、箱有破口，盒、箱位置超出允许偏差范围。对于预埋盒、箱，应先用线坠找正，位置正确后再固定、预埋；暗装盒口或箱口应与墙面平齐，无凹进、凸出墙面等现象。

2）线管煨弯处的凹度过大及弯曲半径不符合要求。煨弯应按要求进行操作。

3）管路不通，可能是朝上的管口未及时堵好，造成杂物落入管中。应在立管时及时堵好管口，且在进行其他作业时，注意不要碰坏已经敷设完毕的管路。

7. 线管配线注意事项

（1）穿线管的绝缘强度应不低于 500 V（耐压），导线最小截面积规定为铜芯线 1 mm^2，铝芯线 1.5 mm²。

（2）线管内的导线不应有接头，也不允许穿入绝缘已损坏并缠包了绝缘带的导线。

（3）线管内的导线一般不应超过 10 根，不同电压等级和进入不同电能表的导线也不应穿在同一根线管内。

（4）除直流回路导线和接地线外，不得在钢管中穿单根导线，以免形成涡流。

（5）线管转弯时，不应有直角急弯，必须按规定转弯和拐角。

（6）线管敷设时，应尽量减少转角或弯曲，转角越多，穿线越困难，维修也较困难。

任务实施

一、主要工具、材料准备

工具清单见表 3-4-5，材料清单见表 3-4-6。

表 3-4-5　　工具清单

序号	名称	数量	备注
1	铅笔	1 支	
2	水平尺	1 把	
3	钢卷尺	1 把	
4	钢直尺	1 把	
5	羊角锤	1 把	
6	弯管器	2 个	ϕ16 mm、ϕ20 mm 各 1 个
7	弯簧	1 个	
8	手电钻	1 个	带批头
9	开孔器	1 个	
10	PVC 线管切管器	1 个	
11	金属线管切管器	1 个	
12	陶瓷刮刀	1 把	
13	砂纸架	1 个	
14	工具袋	1 个	
15	人字梯	1 架	

表 3-4-6　　材料清单

序号	名称	规格	数量
1	PVC 线管	ϕ20 mm、ϕ16 mm	若干
2	UPVC 线管	ϕ20 mm	若干

续表

序号	名称	规格	数量
3	金属线管	ϕ20 mm	若干
4	PVC 线管杯梳	ϕ20 mm、ϕ16 mm	若干
5	金属线管杯梳	ϕ20 mm	若干
6	PVC 线管管卡	ϕ20 mm、ϕ16 mm	若干
7	金属线管管卡	ϕ20 mm	若干
8	明盒	86 型	若干
9	照明配电箱	2 层	1 个
10	插座	—	2 个
11	支架、吊架	—	若干

二、线管敷设安装

1. 审题读图

（1）根据任务书图纸进行审题，明确材料种类及其型号。

（2）读任务书图纸，用铅笔标注材料相应的尺寸。

2. 画线定位

（1）根据任务书图纸，在施工区域画出基准线（中心线）。

（2）根据任务书图纸，描点定位相应的材料。

3. 终端安装

（1）根据定位点，安装终端（如明盒、照明配电箱、插座等）。

（2）安装固定支架、吊架及管卡等。

（3）根据任务书图纸，在终端安装相应的线管杯梳。

4. 线管下料

根据读图尺寸，估算出下料长度（一般需要预留长度）。

5. 线管加工

根据任务书图纸要求，结合工艺标准，预制加工线管管弯等。

6. 管线敷设连接

（1）把加工好的线管安装到相应的管卡和杯梳中，确保安装牢固、可靠。

（2）施工完成后处理施工痕迹。

任务测评

任务测评表见表 3-4-7。

表 3-4-7 任务测评表

序号	测评项目	标准	评分			备注
			自评	互评	师评	
1	线管安装尺寸（25 分）	误差不超过 ±2 mm				
2	线管水平度（25 分）	水平尺水准泡在标准位置				
3	线管安装固定（15 分）	安全、牢固，无晃动				
4	线管表面（25 分）	整洁、无损坏，弯曲处无褶皱，弯曲半径正确				
5	管卡（10 分）	管卡均匀夹持，且符合标准				
总分						

项目四　桥架加工与安装

任务 1　认识电缆桥架及其加工工具

任务目标

1. 熟悉常见的电缆桥架及其配件，并能正确选用。
2. 熟悉常见的桥架加工工具，并能正确选用。

任务要求

实训室有一批电缆桥架，要求学生对其进行分类，并选配桥架配件及其加工工具。

相关知识

一、常见的电缆桥架

电缆桥架用于保护电缆。

电缆桥架有梯级式、槽式、托盘式、网格式、组合式和大跨距式等类型，由支架、托臂/架和安装附件等组成。建筑物内的桥架可以独立架设，也可以敷设在各种建（构）筑物和管廊支架上，具有结构简单、造型美观、配置灵活和维修方便等特点，其全部零部件均需进行镀锌处理。

1. 梯级式电缆桥架

梯级式电缆桥架（图 4–1–1）具有质量轻、成本低、安装方便、散热和透气好等优点，但不防尘和干扰，适用于直径较大电缆的敷设。

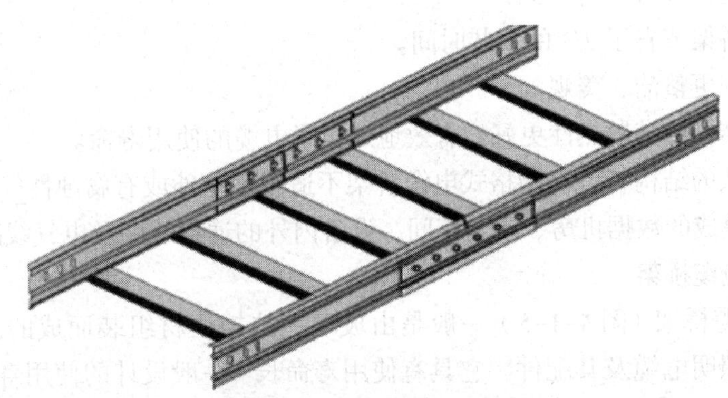

图 4–1–1　梯级式电缆桥架

2. 托盘式电缆桥架

托盘式电缆桥架（图 4–1–2）广泛应用于石油、化工、轻工和电信等领域，具有质量轻、载荷大、造型美观、结构简单、安装方便等优点，主要用于动力电缆和控制电缆的敷设。

3. 槽式电缆桥架

槽式电缆桥架（图 4–1–3）是一种全封闭型电缆桥架，它对控制电缆的屏蔽干扰和重腐蚀环境中电缆的防护都有较好的效果，适用于敷设计算机电缆、通信电缆、热电偶电缆及其他高灵敏系统的控制电缆等。

图 4–1–2　托盘式电缆桥架

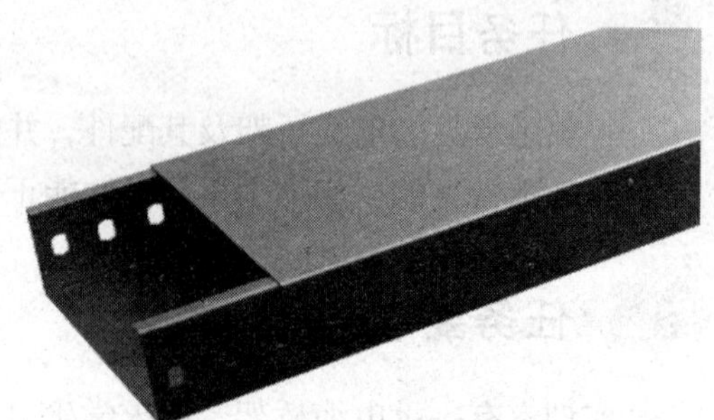

图 4–1–3　槽式电缆桥架

4. 网格式电缆桥架

网格式电缆桥架（图 4–1–4）是传统桥架的发展和创新。与传统桥架相比，网格式电缆桥架具有以下优点。

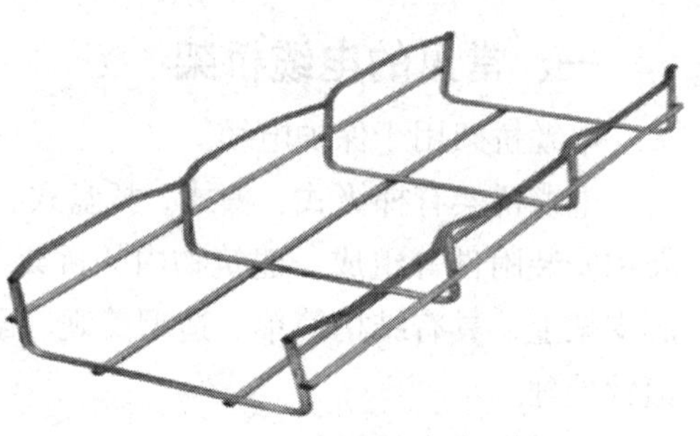

图 4–1–4　网格式电缆桥架

（1）提高了系统升级和维护的能力，为升级留有余地。

（2）在综合布线系统中应用更灵活，适用于布线桥架的上下走线。

（3）线路和设备的检修更快速、安全。

（4）节省了二次重复投资的成本。

（5）自重仅是传统桥架的 1/5。

（6）比传统桥架节省了 2/3 的安装时间。

（7）布线系统更整洁、美观。

（8）网状的结构使其散热性更好，有效地延长了电缆的使用寿命。

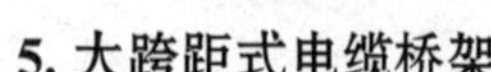

由于其网格状的结构特点，网格式电缆桥架不适用于室外或有腐蚀性气体及飞溅液体的场合，适用于高集成的数据机房、无尘车间、设备内外的通信线路及电气线路等。

5. 大跨距式电缆桥架

大跨距式电缆桥架（图 4–1–5）一般是由玻璃钢拉挤型材组装而成的，适用于动力电缆、控制电缆、照明电缆及其配件。它具有使用寿命长（一般设计的使用寿命为 20 年）、安装方便且成本低（单根桥架长度可达 8 m 甚至更长，施工中通常无须动火）、切割方便等特点。

6. 组合式电缆桥架

组合式电缆桥架（图 4–1–6）是一种新型桥架，是电缆桥架系列中的第二代产品。它适用于各项工程中电缆的敷设，具有结构简单、配置灵活、安装方便、形式新颖等特点。

图 4–1–5 大跨距式电缆桥架

图 4–1–6 组合式电缆桥架

二、常见的桥架配件

桥架配件主要用于桥架的连接、固定及端接等，包括三通、弯通、封头、托臂 / 架、支架等。常见的桥架配件见表 4–1–1。

表 4–1–1 常见的桥架配件

名称	图示	名称	图示
水平三通		45° 水平弯	
水平弯通		槽箍	
上弯通		吊架	
港式底座		垂直左下弯通	

续表

名称	图示	名称	图示
托臂		垂直左上弯通	
垂直下弯通		垂直右上弯通	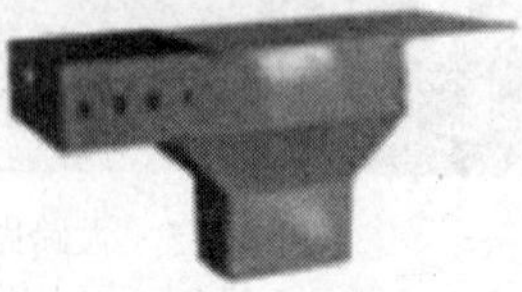
中分大小头		支架	
下角垂直三通		高低让弯	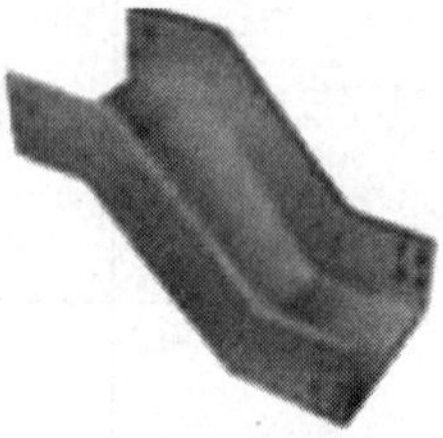
下边垂直三通		左让弯	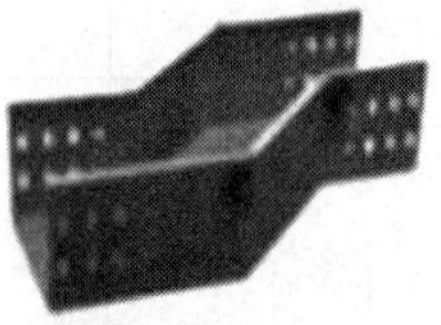
上边垂直三通		终端封头	

续表

名称	图示	名称	图示
不锈钢支架		不锈钢扎带	
调宽片		接地线、片	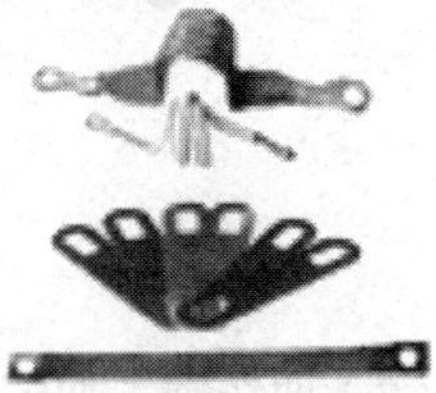
港式托臂		槽钢立柱	
欧式底座		热浸锌 E 型托架	
梯级式桥架支架		槽扣	
横担		欧式吊码	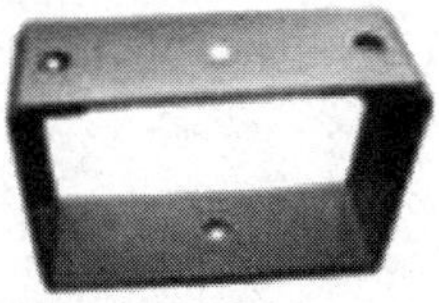

三、常见的桥架加工工具

1. 切割工具

（1）切割机或电动角度锯，需使用 220 V 电源，如图 4–1–7 所示。

（2）手工锯，常用于桥架的手工切割。

a）

b）

图 4-1-7　切割工具

a）切割机　b）电动角度锯

（3）曲线锯，如图 4-1-8 所示，主要用于切割金属。

（4）钢筋剪，适用于网格式桥架的裁剪，如图 4-1-9 所示。

图 4-1-8　曲线锯

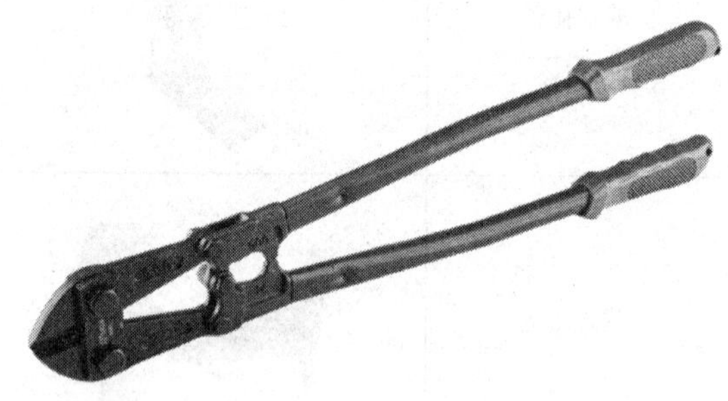
图 4-1-9　钢筋剪

2. 安装工具及配件

（1）手电钻，主要分为交流和直流两种，可用于松紧螺钉，也可用于在金属、塑料、木材等材料上钻孔。

（2）铜编织带，也称铜扁连接线，分为镀锡编织带和裸铜编织带两种，主要用作桥架跨地线，安装于桥架连接处，如图 4-1-10 所示。

（3）电锤，也称冲击钻，主要用于坚硬的墙面或地面开槽孔等。

图 4-1-10　铜编织带

（4）旋具，分为一字旋具和十字旋具两种，用于手动紧固和拆卸螺钉。

（5）扳手，有活扳手、套筒扳手、棘轮扳手等多种，用于紧固和拆卸螺母，如图 4-1-11 所示。

a）

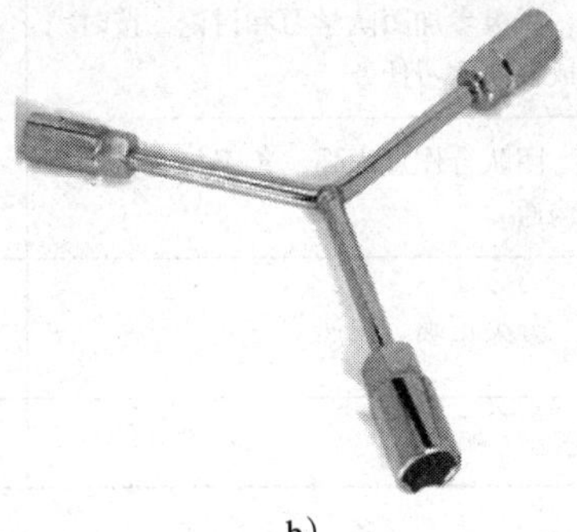

b）

c）

图 4-1-11　扳手

a）活扳手　b）套筒扳手　c）棘轮扳手

任务实施

根据任务要求，对车间内的电缆桥架、配件和加工工具进行分类，并填写于表 4-1-2 中。

表 4-1-2　电缆桥架、配件和加工工具的分类

桥架种类	相应配件	切割工具	安装工具

任务测评

任务测评表见表 4-1-3。

表 4-1-3　　任务测评表

序号	测评项目	标准	评分			备注
			自评	互评	师评	
1	学习态度（10分）	积极参加团队学习和讨论，按时完成各项学习任务				
2	团队合作（20分）	团队合作意识强，善于与人交流和沟通				
3	任务完成情况（70分）	分类正确、快速				
总分						

任务 2　桥架的切割加工

任务目标

能使用曲线锯、钢筋剪等工具对桥架进行切割加工。

任务要求

实训室有一批桥架，要求学生根据任务书的要求进行桥架的切割加工，任务书图纸如图 4-2-1 所示。

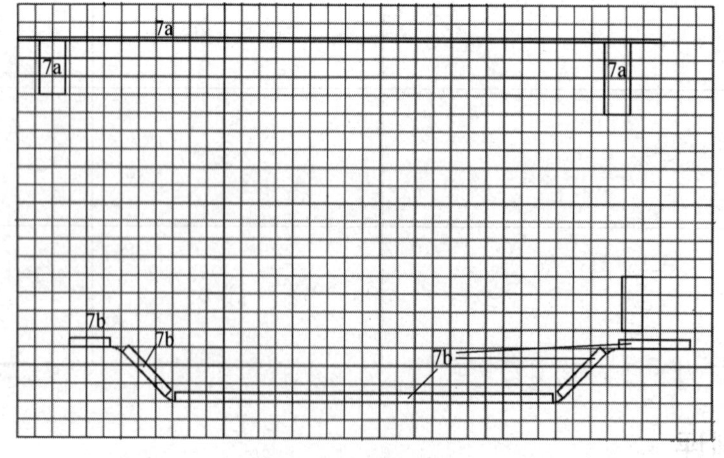

图 4-2-1　任务书图纸

7a—托盘式桥架　7b—网格式桥架

任务实施

一、主要工具、材料准备

工具清单见表 4-2-1，材料清单见表 4-2-2。

表 4-2-1 工具清单

序号	名称	数量	备注
1	钢卷尺	1 把	
2	钢三角尺	1 把	
3	铅笔	1 支	
4	角度尺	1 把	
5	曲线锯	1 把	含锯条
6	F 夹	若干	
7	砂纸架	1 个	
8	钢筋剪	1 把	
9	锉刀	1 把	

表 4-2-2 材料清单

序号	名称	规格	数量
1	托盘式桥架	150 mm × 20 mm	若干
2	网格式桥架	114 mm × 50 mm	若干

二、桥架的切割加工

1. 网格式桥架的切割加工

（1）根据任务书图纸计算出所需网格式桥架的长度。

（2）用钢卷尺在网格式桥架上测量出合适的长度，并用钢三角尺和铅笔画线标记，然后用钢筋剪截取相应长度的网格式桥架。

（3）根据任务书图纸计算出网格式桥架的剪切点，并进行标注。

（4）用钢筋剪剪掉网格式桥架拐弯处内侧的钢筋，留取拐弯处外侧的钢筋。

（5）剪切完成后需用砂纸架或锉刀对切口进行打磨处理，直到其光滑、无毛刺为止。

2. 托盘式桥架的切割加工

（1）根据任务书图纸计算出所需托盘式桥架的长度。

（2）用钢卷尺在托盘式桥架上测量出合适的长度，并用钢三角尺和铅笔画线标记，然后用曲线锯截取相应长度的托盘式桥架。

（3）根据任务书图纸计算出托盘式桥架的切割点。

（4）用角度尺和铅笔在托盘式桥架上画出切割线。

（5）用曲线锯对托盘式桥架进行切割。

（6）切割完成后需用砂纸架或锉刀对切口进行打磨处理，直到其光滑、无毛刺为止。

任务测评

任务测评表见表 4-2-3。

表 4-2-3　任务测评表

序号	测评项目	标准	评分			备注
			自评	互评	师评	
1	桥架切割尺寸（35 分）	切割尺寸符合任务书图纸要求				
2	桥架切割角度（30 分）	切割角度符合任务书图纸要求				
3	桥架切割断面（20 分）	切割断面无明显毛刺和凸出等				
4	桥架美观性和整洁性（15 分）	桥架美观、整洁				
总分						

任务 3　桥架的敷设安装

任务目标

1. 掌握桥架敷设安装工艺规范。
2. 能正确敷设桥架。

任务要求

实训室有一批桥架，要求学生根据任务书的要求进行桥架的敷设安装，任务书图纸如图 4-3-1 所示。

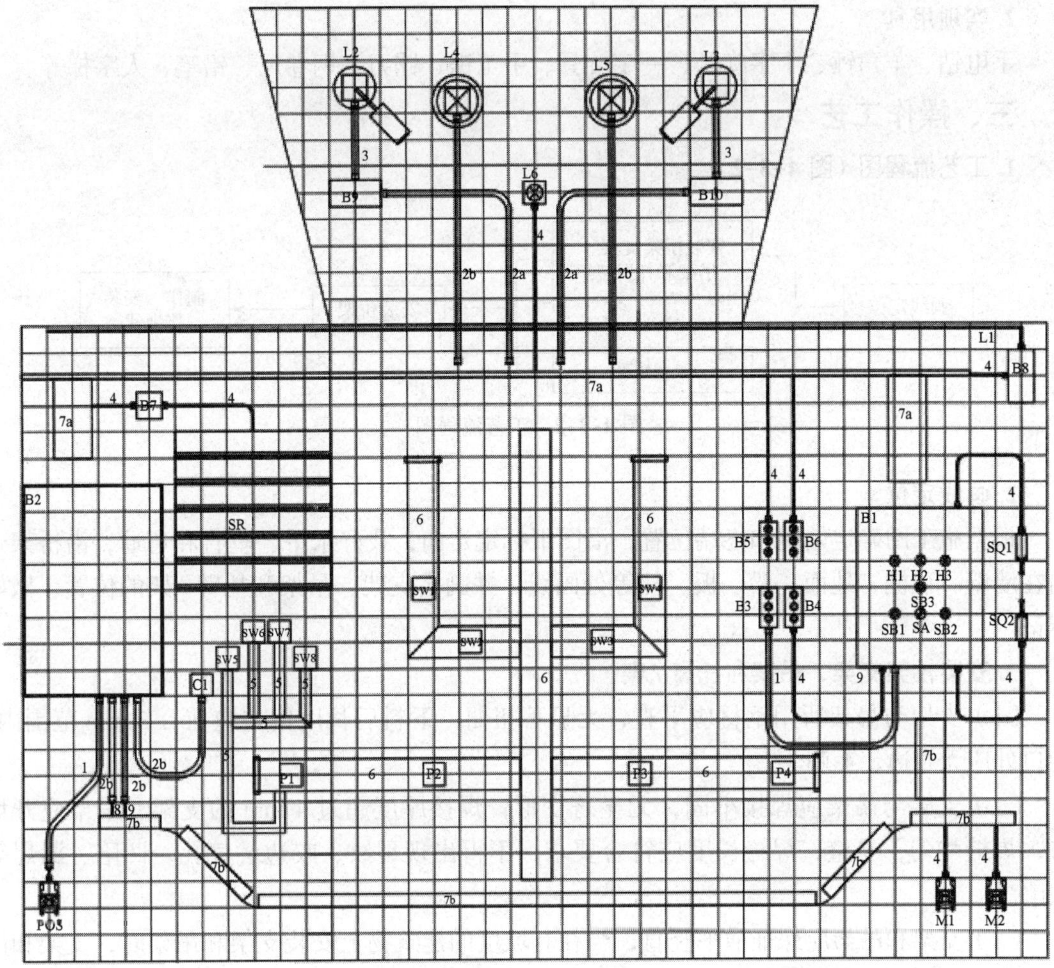

图 4-3-1 任务书图纸

1—ϕ20 mm 金属线管 2a—ϕ20 mm UPVC 线管 2b—ϕ20 mm PVC 线管 3—ϕ20 mm 波纹管
4—电缆 5—40 mm × 20 mm PVC 线槽 6—120 mm × 50 mm PVC 线槽
7a—120 mm × 50 mm 网格式桥架 7b—150 mm × 20 mm 托盘式桥架 8—KNX 数据总线 9—网线
SW1～SW8—面板开关 L1～L6—灯 B1～B10—按钮盒 SB1～SB3—按钮 SQ1～SQ2—行程开关 SA—转换开关
SR—百叶窗 H1～H3—指示灯 P1～P4—插座 M1～M2—电动机 C1—信息插座 POS—电源插座

相关知识

桥架敷设安装工艺规范具体如下。

一、适用范围

本工艺规范适用于建筑物内照明系统及小负荷电力系统安装工程中的明装敷设。

二、施工准备

1. 材料要求

桥架及其配件应采用经过镀锌处理的定型产品，其型号规格应符合设计要求。桥架内外应光滑、平整，无毛刺、扭曲及翘边等现象，并有产品合格证。

2. 实训用具

手电钻、羊角锤、十字旋具、一字旋具、手工锯、锉刀、钢卷尺、铅笔、人字梯等。

三、操作工艺

1. 工艺流程图（图 4-3-2）

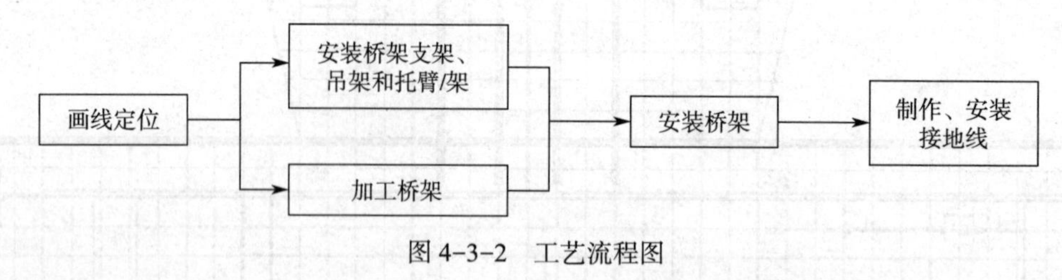

图 4-3-2　工艺流程图

2. 画线定位

根据施工图确定始端和终端位置，沿图纸标定走向，找好水平、垂直和弯通，沿桥架走向在墙壁、顶棚、地面、梁、板、柱等处画线，并画出支架、吊架和托臂 / 架的位置，做好标记。

3. 安装桥架支架、吊架和托臂 / 架

（1）支架与吊架所用钢材应平直，无显著扭曲。下料后长度偏差应在 ±3 mm 范围内，切口处应无卷边、毛刺。

（2）支架与吊架应焊接牢固，无显著变形，焊接厚度超过 4 mm 的支架、吊架应开坡口，焊缝均匀、平整，焊缝长度应符合要求，不得出现裂纹、咬边、气孔、凹陷、漏焊等缺陷。

（3）支架和吊架应保证横平竖直，当在有坡度的建筑物上安装支架和吊架时，支架和吊架应与建筑物的坡度、角度一致。

（4）支架与吊架的规格一般不应小于 30 mm × 3 mm（扁钢）和 25 mm × 25 mm × 3 mm（角钢）。

（5）固定支点的间距一般不应大于 1.5 ～ 2 m。在进出接线盒、箱、柜、转角、转弯和变形缝两端及丁字接头的三端 500 mm 以内应设固定支撑点。

4. 加工桥架

按前面所学的知识进行桥架的加工。

5. 安装桥架

（1）对于特殊形状的桥架，应根据尺寸制作，减少现场加工。桥架材质、型号、厚度以及配件满足设计要求。

（2）将桥架举升到预定位置，与支架采用螺栓固定，注意在转弯处需仔细校核桥架的尺寸。桥架与桥架之间用连接板连接，连接螺栓采用半圆头螺栓，半圆头在桥架内侧。

（3）桥架之间的缝隙须达到设计要求，确保一个系统的桥架连成一体。

（4）桥架安装应横平竖直、整齐美观、距离一致、连接牢固，同一水平面内的水平度偏差不超过 ±5 mm/m，直线度偏差不超过 ±5 mm/m。

（5）电缆最小允许弯曲半径见表 4–3–1。

表 4–3–1　　电缆最小允许弯曲半径

序号	电缆种类	最小允许弯曲半径
1	无铅包钢铠护套的橡胶绝缘电力电缆	10*D*①
2	有钢铠护套的橡胶绝缘电力电缆	20*D*
3	聚氯乙烯绝缘电力电缆	10*D*
4	交联聚氯乙烯绝缘电力电缆	15*D*
5	多芯控制电缆	10*D*

①电缆外径。

（6）桥架产品包装箱内应有装箱清单、产品合格证及出厂检验报告。托盘式、梯架式板材的允许最小厚度应满足表 4–3–2 的规定。表面防腐层材料应符合国家现行有关标准的规定。

表 4–3–2　　托盘式、梯架式板材的允许最小厚度　　mm

托盘式、梯架式板材的宽度	允许最小厚度
<400	1.5
400 ～ 800	2.0
>800	2.5

1）热浸镀锌的托盘、桥架镀层表面应均匀，无毛刺、过烧、挂灰、局部未镀锌（直径 2 mm 以上）等缺陷，不得有影响安装的锌瘤。螺纹的镀层应光滑，螺栓连接件应能拧入。

2）桥架焊缝表面应均匀，不得有漏焊、夹渣、烧穿等缺陷。

3）桥架螺栓孔径在螺杆直径不大于 M16 时，可比其大 2 mm。

4）安装多层、分层桥架时，应先安装上层，后安装下层，上、下层之间要留有余量，以便后期电缆敷设和检修。层间距最小不小于 150 mm。

6. 制作、安装接地线

镀锌桥架之间可利用镀锌连接板作为跨接线，把桥架连成一体。需在镀锌连接板两端的连接螺栓上加镀锌弹簧垫圈。非镀锌桥架之间用截面积不小于 4 mm^2 的软铜线进行跨接。桥架连接完成后，将其与接地线相连，形成电气通路。桥架整体与接地线的连接应不少于两处。

7. 安全注意事项

（1）安装电缆桥架时，其下方不应有人停留。安装人员进入现场时应戴好安全帽。

（2）人字梯必须坚固，距梯脚 40 ～ 60 cm 处要设拉绳，以防人字梯劈开。使用人字梯时其上端要绑牢，下端要有人扶持。

（3）使用电气设备、电动工具时要有可靠的保护接地（接零）措施。钻孔时，要戴好防护眼镜。

四、质量控制

1. 沿桥架敷设电缆时，应防止电缆排列混乱、不整齐和交叉严重。在敷设电缆前需将电缆排列好，画出排列图表，按图表进行施工。敷设电缆时，应边敷设边整理和固定。

2. 电缆的弯曲半径应符合要求。在进行电缆桥架施工时，应先确定电缆的敷设路径，使桥架电缆满足最小允许弯曲半径的要求。

任务实施

一、主要工具、材料准备

工具清单见表 4-3-3，材料清单见表 4-3-4。

表 4-3-3　　工具清单

序号	名称	数量	备注
1	铅笔	1 支	
2	钢卷尺	1 把	
3	钢三角尺	1 把	
4	手电钻	1 个	带批头
5	羊角锤	1 把	
6	旋具	2 个	一字旋具、十字旋具各 1 个
7	曲线锯	1 把	带锯条
8	手工锯	1 把	带锯条
9	锉刀	1 把	
10	砂纸架	1 个	
11	F 夹	若干	
12	钢筋剪	1 把	
13	活扳手	1 把	
14	钢丝钳	1 把	

表 4-3-4　　材料清单

序号	名称	规格	数量
1	网格式桥架	120 mm × 50 mm	若干
2	托盘式桥架	150 mm × 20 mm	若干
3	网格式桥架配件	—	若干
4	托盘式桥架配件	—	若干

二、桥架的敷设安装

1. 审题读图

（1）根据任务书进行审题，明确材料种类及其型号。

（2）读任务书图纸，用铅笔标注材料相应的尺寸。

2. 画线定位

（1）根据任务书图纸，在施工区域画出基准线（中心线）。

（2）根据任务书图纸描点定位，确定好终端、支架、托臂 / 架等的安装位置，标出定位点。

3. 终端安装

（1）根据定位点，先固定终端（如照明箱、配电箱等）。

（2）安装固定支架、托臂 / 架、吊架等。

4. 桥架下料

根据读图尺寸，估算出下料长度（一般需要预留长度）。

5. 桥架加工

根据任务书图纸要求，结合工艺标准加工桥架。

6. 桥架固定

（1）把加工好的桥架固定到相应的支架上，桥架安装孔位与托臂 / 架的安装距离相符。封闭式水平桥架与托臂 / 架的横担直接用半圆头的螺栓固定，半圆头向内，以防止螺栓划伤电缆外护层。

（2）使用活扳手安装接地线，使金属部位全部安全、可靠地接地。

（3）施工完成后处理施工痕迹。

任务测评

任务测评表见表 4-3-5。

表 4-3-5　　任务测评表

序号	测评项目	标准	评分			备注
			自评	互评	师评	
1	桥架整洁性和美观性（15 分）	整洁，无损坏，内部无碎屑				
2	桥架安装固定（10 分）	安全、牢固，无晃动				
3	桥架安装尺寸（25 分）	误差不超过 ±3 mm				
4	桥架水平度（15 分）	水平尺水准泡在标准位置				
5	托盘式桥架连接处的间隙（15 分）	间隙≤2 mm				

续表

序号	测评项目	标准	评分			备注
			自评	互评	师评	
6	网格式桥架的转弯弧度（10 分）	弧度合理、美观				
7	接地线（10 分）	接地线安装规范、完整				
总分						

操作视频

桥架的加工与安装（网板）—54.5° 制作和 109° 安装

桥架的加工与安装（网板）—67.5° 制作和 135° 安装

桥架的加工与安装（网板）—45° 制作和 90° 安装

桥架的加工与安装（网格）—54.5° 制作和 109° 安装

桥架的加工与安装（网格）—67.5° 制作和 135° 安装

桥架的加工与安装（网格）—45° 制作和 90° 安装

项目五　导线连接及绝缘恢复

任务 1　认识导线及其加工工具

任务目标

1. 熟悉导线的分类和规格。
2. 掌握导线的选用原则，并能正确选用。
3. 熟悉常用的导线加工工具，并能正确选用。
4. 熟悉常用的接线配件。

任务要求

实训室有一批导线，要求学生根据要求进行分类，并选配其加工工具。

相关知识

一、导线的分类

导线是传递和输送电流的载体，导线的种类很多，主要可以从以下几个方面划分。

1. 按材质划分

按材质，导线可分为铜、铝、钢导线等。常用的导线有铜导线和铝导线。铜导线的电阻率较低，导电性较好，应用广泛；铝导线的电阻率比铜导线稍大一些，但价格低，应用也比较广泛。

2. 按股数划分

按股数，导线可分为单股、双股、三股、四股、五股及多股导线，多股导线是由几股或几十股芯线绞合在一起形成一根导线。常用的导线有 7 股、19 股、37 股导线等。

3. 按线径划分

导线芯线的直径从零点几毫米到几十毫米分为多种规格，线径越大，导线对电流、电压的承受能力越强。

4. 按有无绝缘层划分

按导线外面有无绝缘层，导线可分为绝缘导线和裸导线。室内电气线路的导线必须采用绝缘导线。

5. 按绝缘材料划分

按绝缘材料，导线可分为橡胶导线、塑料导线等。常见的导线有 BV 型（铜芯塑料线）、

BVR 型（聚氯乙烯绝缘铜芯软线）、BLV 型（铝芯塑料线）、BLVR 型（聚氯乙烯绝缘铝芯软线）、RHF 型（氯丁橡套软线）等。

二、导线的规格

1. 材料

铜用“T”表示，铝用“L”表示，钢用“G”表示。

2. 材质

硬型材料用“Y”表示，软型材料用“R”表示，绞合型材料用“J”表示。

此外，导线的截面积用数字表示。

例如，LJ-35 表示截面积为 35 mm^2 的铝绞线。

三、导线的选用

1. 导线的类型

在需要移动的场合应选用软导线，不应采用单芯线；在不需要移动的场合应选用单芯线。

2. 导线的绝缘电压

导线的绝缘电压应大于或等于线路的额定电压。

3. 导线的截面积

在实际生产过程中，经常要对所使用的低压导线、电缆的截面积进行选择，其步骤如下。

（1）根据线路中所接的电气设备容量，计算出线路电流。

（2）根据计算出的线路电流，按导线的安全载流量选择导线。

导线的安全载流量是指在不超过导线的最高温度的条件下允许长期通过的最大电流。不同截面、不同芯线的导线在不同使用条件下的安全载流量在各有关手册上均可查到。

常用导线和电缆的安全载流量分别见表 5-1-1 和表 5-1-2。

表 5-1-1　500 V 单芯橡胶、塑料绝缘导线在常温下的安全载流量

芯线截面积 /mm^2	橡胶绝缘导线的安全载流量 /A		塑料绝缘导线的安全载流量 /A	
	铜芯	铝芯	铜芯	铝芯
0.75	18		16	
1.0	21		19	
1.5	27	19	24	18
2.5	33	27	32	25
4	45	35	42	32
6	58	45	55	42
10	85	65	75	59
16	110	85	105	80

表 5-1-2 通用橡套软电缆的安全载流量

主芯线截面积 /mm²	YQ、YQW 型的安全载流量 /A		YZ、YZW 型的安全载流量 /A			YC、YCW 型的安全载流量 /A			
	二芯	三芯	二芯	三芯	四芯	单芯	二芯	三芯	四芯
0.3	7	6							
0.5	11	9	12	10	9				
0.75	14	12	14	12	11				
1			17	14	13				
1.5			21	18	18				
2			26	22	22				
2.5			30	25	25	37	30	26	27
4			41	35	35	47	39	34	34
6			53	45	45	52	51	43	44
10						75	74	63	63
16						112	98	84	84
25						148	135	115	116
35						183	167	142	143
50						226	208	176	177
70						289	259	224	224
95						353	318	273	273
120						415	371	316	316

另外，也可按下面的经验口诀估算安全载流量。

以铝导线、明敷设、环境温度为 25 ℃为基准。

口诀：10 下五，100 上二；25/35，四、三界；70/95，两倍半；穿管温度八、九折；裸线加一半，铜线升级算。

说明如下。

1 ～ 10 mm^2：截面积乘以 5 为该截面导线的安全载流量。

16 ～ 25 mm^2：截面积乘以 4 为该截面导线的安全载流量。

35 ～ 50 mm^2：截面积乘以 3 为该截面导线的安全载流量。

70 ～ 95 mm^2：截面积乘以 2.5 为该截面导线的安全载流量。

100 mm^2 以上：截面积乘以 2 为该截面导线的安全载流量。

当导线穿管敷设时，因散热条件变差，应将导线的安全载流量打八折；当环境温度过高时，应将导线的安全载流量打九折；当导线既穿管敷设，环境温度又过高时，应将导线的安全载流量打八折后再打九折。

当使用裸导线时，同样条件下通过导线的电流可增加，其安全载流量为同样截面积同种导线安全载流量的 1.5 倍。

铜导线的安全载流量相当于高一级截面积铝导线的安全载流量。

四、常用的导线加工工具

1. 尖嘴钳

尖嘴钳是常用的夹持工具，适用于在狭小的空间操作，如图 5–1–1 所示。

2. 剥线钳

剥线钳是专用的剖削工具，如图 5–1–2 所示。

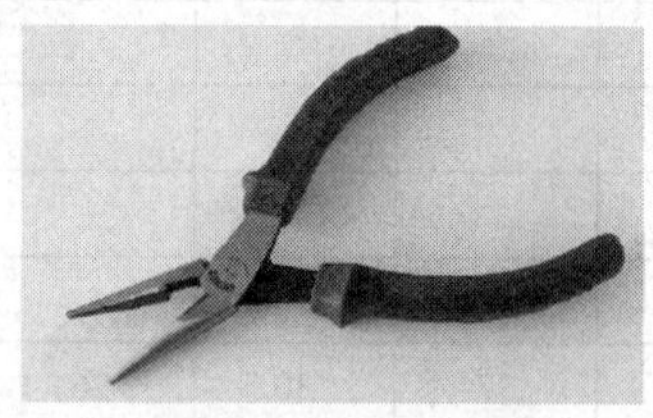

图 5–1–1　尖嘴钳

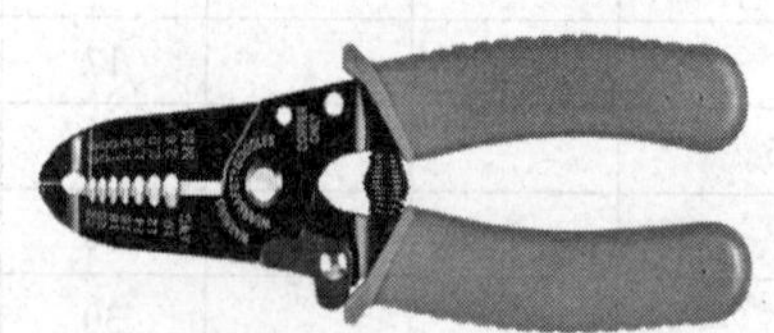

图 5–1–2　剥线钳

3. 电工刀

电工刀是常用的切削工具，一般由刀片、刀把和刀挂组成，如图 5–1–3 所示。

4. 压线钳

压线钳是将导线和接线端子压接在一起的压合工具，一般由手柄、压接口等组成，如图 5–1–4 所示。

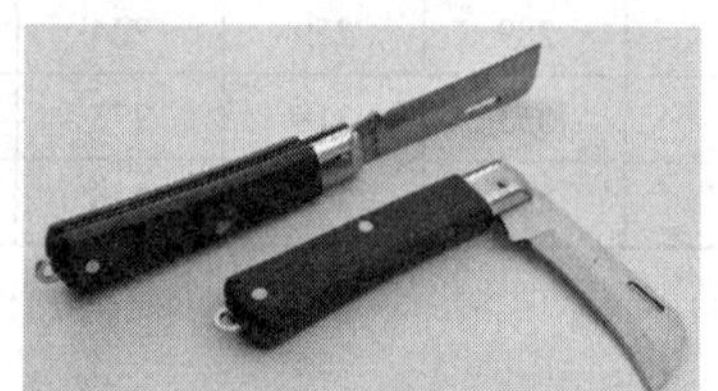

图 5–1–3　电工刀

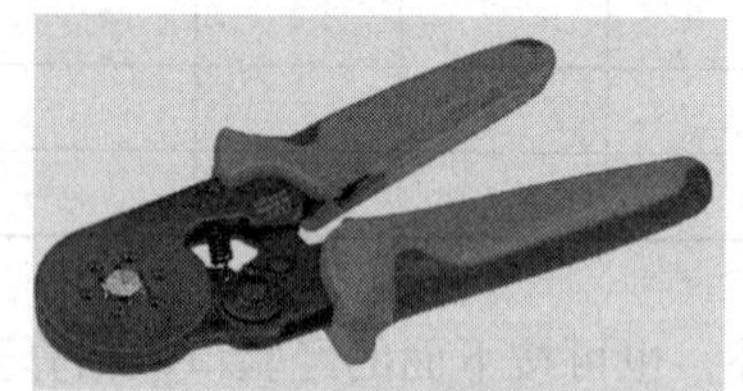

图 5–1–4　压线钳

五、常用的接线配件

1. 普通接线端子

普通接线端子一般用于导线与设备间的过渡连接，主要有接线鼻（图 5–1–5）、接线耳和接线卡子（图 5–1–6）等类型。其中，接线鼻主要用于导线和圆形垫片的过渡连接，接线耳主要用于电池和瓦形垫片的过渡连接，接线卡子主要用于电线和设备的插接。

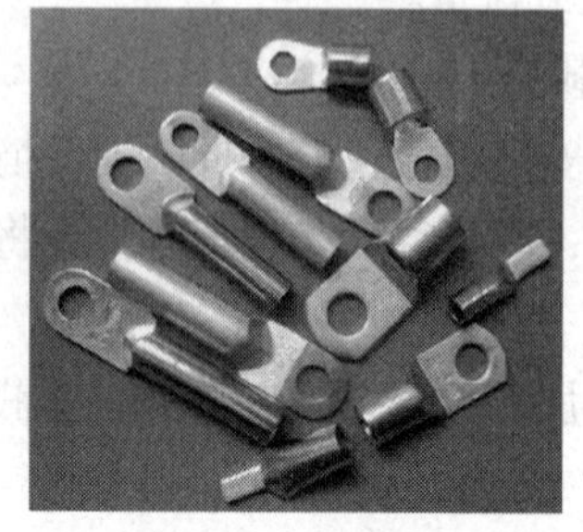

图 5–1–5　接线鼻

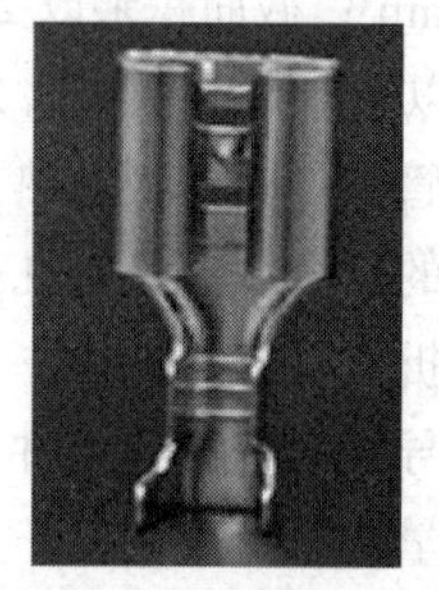

图 5–1–6　接线卡子

2. 弹簧式接线端子

弹簧式接线端子主要用于配电箱内的快速接线，红色和灰色弹簧式接线端子一般用于相线，蓝色弹簧式接线端子用于中性线，如图 5–1–7 所示。

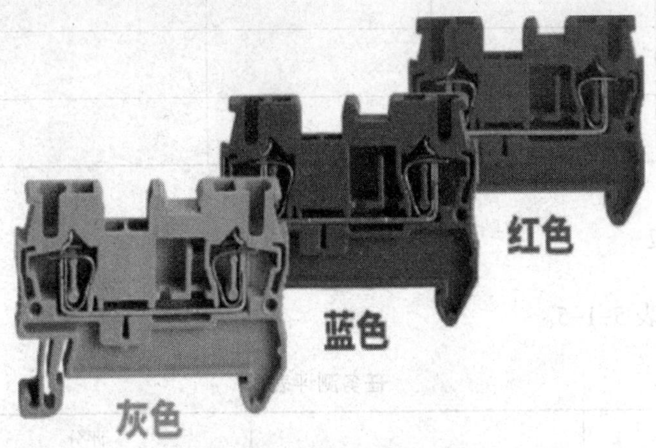

图 5–1–7 弹簧式接线端子

3. 按压式快速接线端子

按压式快速接线端子一般用于灯具或者其他器件的快速接线，如图 5–1–8 所示。

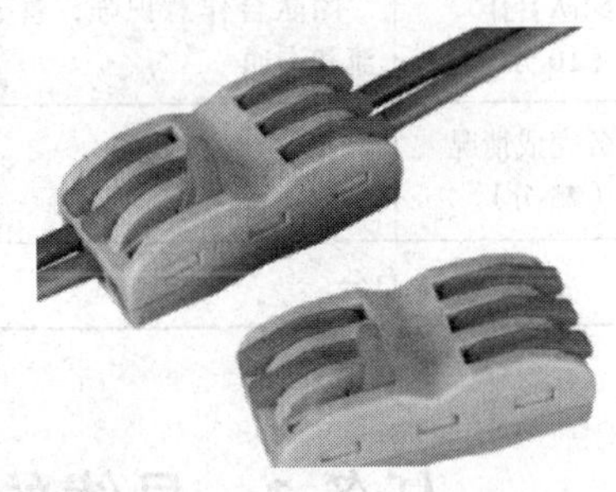

图 5–1–8 按压式快速接线端子

任务实施

根据要求，对实训室内的导线和加工工具进行分类，并填写于表 5–1–3 和表 5–1–4 中。

表 5–1–3 导线分类

导线名称	材料	股数	芯线截面积	颜色	数量

表 5-1-4　　加工工具分类

工具名称	型号	颜色	数量	功能

任务测评

任务测评表见表 5-1-5。

表 5-1-5　　任务测评表

序号	测评项目	标准	评分			备注
			自评	互评	师评	
1	学习态度（15 分）	积极参加团队学习和讨论，按时完成各项学习任务				
2	团队合作（10 分）	团队合作意识强，善于与人交流和沟通				
3	任务完成情况（75 分）	分类正确、快速				
总分						

任务 2　导线的连接及绝缘恢复

任务目标

1. 掌握导线的剖削方法。
2. 掌握导线的连接方法。
3. 掌握导线的绝缘处理方法。
4. 能正确进行导线的剖削、连接和绝缘处理。

任务要求

在电气设备的安装与配线过程中，经常需要把一根导线和另一根导线连接起来或进行电气设备端子的连接。这些连接不论是力学性能还是电气性能，均是电路的薄弱环节，安装的电路能否安全、可靠地运行，很大程度上取决于导线接头的质量。因此，导线接头的制作是电气安装与布线中的一道非常重要的工序，必须按标准和规程操作。本任务要求学生完成导线绝缘层的剖削及导线电路的连接和绝缘处理。

相关知识

一、导线的剖削

在进行导线的连接前，需要剖削导线的绝缘层。导线绝缘层的剖削可以使用钢丝钳、剥线钳及电工刀等工具。芯线截面积为 4 mm^2 及以下的塑料硬线一般用钢丝钳或剥线钳进行剖削；芯线截面积大于 4 mm^2 的塑料硬线可用电工刀进行剖削；塑料软线的绝缘层只能用钢丝钳或剥线钳进行剖削，不可用电工刀；塑料护套线护层则必须使用电工刀进行剖削。

1. 使用钢丝钳剖削导线绝缘层（表 5-2-1）

表 5-2-1　　使用钢丝钳剖削导线绝缘层

序号	操作步骤	图示
1	用钢丝钳的刀口轻轻钳住导线	
2	左手用力向外拉导线	
3	左手拉导线的同时，右手向右拉钢丝钳，直至剥掉绝缘层	

2. 使用剥线钳剖削导线绝缘层（表 5–2–2）

表 5–2–2　　使用剥线钳剖削导线绝缘层

序号	操作步骤	图示
1	根据导线的粗细，选择合适的剥线钳钳口，把导线放入剥线钳中	
2	右手压下剥线钳把，剥掉绝缘层	

3. 使用电工刀剖削导线绝缘层（表 5–2–3）

表 5–2–3　　使用电工刀剖削导线绝缘层

序号	步骤	图示
1	根据所需导线端头的长度，确定剖削的起始位置	
2	将电工刀刀口以 45° 角切入绝缘层，使电工刀刀面与芯线成 15° 角向前推进，削出一条缺口	45°　15°
3	将被剖开的绝缘层向后翻起，用电工刀将其齐根切去	

二、导线的连接

当导线不够长或要分接支路时，经常要进行导线的连接，导线的连接点是经常出故障的部位，它的连接质量直接关系着电气设备和线路能否安全、可靠地运行。因此，对连接点有以下要求。

（1）连接点的接触电阻越小越好。

（2）连接点处要有足够的力学强度，以便受力。

（3）绝缘要良好，要包缠黑胶布，必要时要包缠塑料胶带。

（4）连接要可靠，不得松脱。

1. 铜芯导线的连接

（1）单股铜芯导线的直接连接（表 5–2–4）

表 5–2–4　　单股铜芯导线的直接连接

序号	操作步骤	图示
1	将两线头剖削出一定长度的芯线，清除芯线表面的氧化层，然后将两芯线做 X 形交叉	
2	将两芯线相互绞绕 2 ～ 3 圈，再扳直线头	
3	将扳直的两线头向两边各紧密绕 6 圈	
4	切除余下的线头并钳平线头末端	

（2）单股铜芯导线的 T 形连接（表 5–2–5）

表 5–2–5　　单股铜芯导线的 T 形连接

序号	操作步骤	图示
1	将除去绝缘层和氧化层的支路芯线（注意在其根部留出 3 ～ 5 mm 的裸线）线头与干线芯线十字相交	
2	按顺时针方向将支路芯线在干线上紧密缠绕 6 ～ 8 圈，用钢丝钳切去余下的芯线并钳平芯线末端即可	
3	对于较小截面（截面积小于 1.5 mm^2）芯线的 T 形连接，应先将分支导线在干线上环绕成结状，然后把支路芯线线头抽紧并扳直，紧密缠绕 6 ～ 8 圈，剪去多余的芯线，钳去切口毛刺	

（3）多股铜芯导线的直接连接（表 5-2-6）

表 5-2-6　　多股铜芯导线的直接连接

序号	操作步骤	图示
1	将除去绝缘层和氧化层的芯线散开并拉直，将紧靠绝缘层$\frac{1}{3}L$①处顺着原来的扭转方向将其绞紧，余下$\frac{2}{3}L$长度的线头分散成伞状	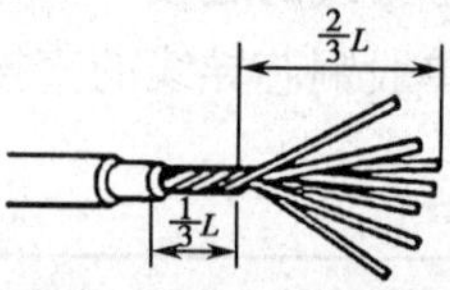
2	将两头的伞状线头相对，隔根交叉，然后捏平两边散开的线头	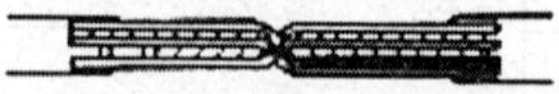
3	将一端的多股铜芯分成三组，然后将第一组的芯线扳到垂直于线头方向，并按顺时针方向缠绕两圈	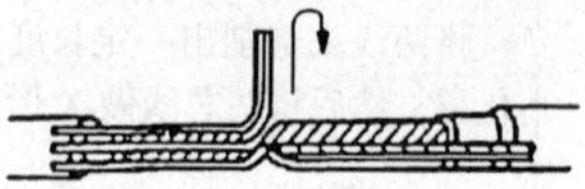
4	将第二组的芯线扳到垂直于线头方向，按顺时针方向紧紧压住芯线缠绕	
5	将第三组的芯线扳到垂直于线头方向，按顺时针方向紧紧压住芯线缠绕	
6	缠绕 3 圈后，切去每组多余的芯线，钳平线端	

①裸露芯线的长度。

（4）多股铜芯导线的 T 形连接（表 5-2-7）

表 5-2-7　　多股铜芯导线的 T 形连接

序号	操作步骤	图示
1	把除去绝缘层和氧化层的支路线头分散拉直，在距绝缘层$\frac{1}{8}L$处将芯线绞紧	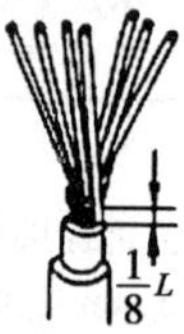
2	将支路线头分成两组排列整齐，然后用旋具把干线也分成两组	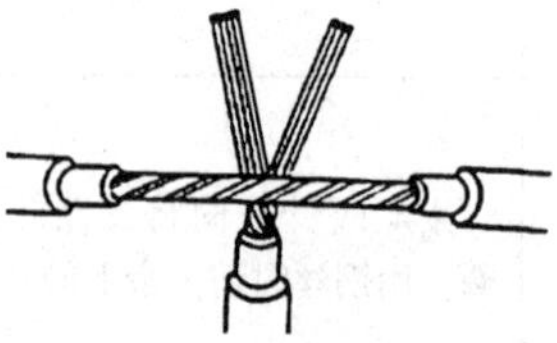
3	把其中一组支路芯线插入干线两组芯线中间，把另一组支路芯线置于干线芯线的前面。再将插入干线中的一组支路芯线往干线一边按顺时针方向紧紧缠绕 3 ～ 4 圈，剪去多余的线头，修去毛刺	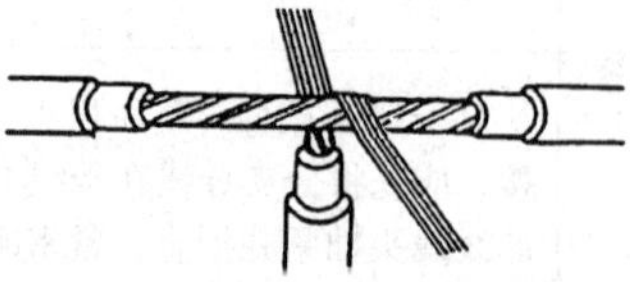
4	将另一组支路芯线按逆时针方向在干线上缠绕 4 ～ 5 圈，剪去多余的线头，修去毛刺	

2. 铝芯导线的连接

铝极易氧化，而且铝氧化膜的电阻率很高，所以铝芯导线不宜采用铜芯导线的连接方法，而应采用螺钉压接法和压接管压接法。

（1）螺钉压接法

螺钉压接法适用于负荷较小的单股铝芯导线的连接。

首先除去铝芯导线的绝缘层，用钢丝刷清除铝芯线头的铝氧化膜，并涂上中性凡士林。然后将线头插入瓷接头或熔断器、插座、开关等的接线桩上，旋紧压接螺钉。对于两个或两个以上的线头要接在一个接线板上进行分路连接时，应将几根线头扭成一股，然后再压接。单股铝芯导线的螺钉压接法如图 5–2–1 所示。

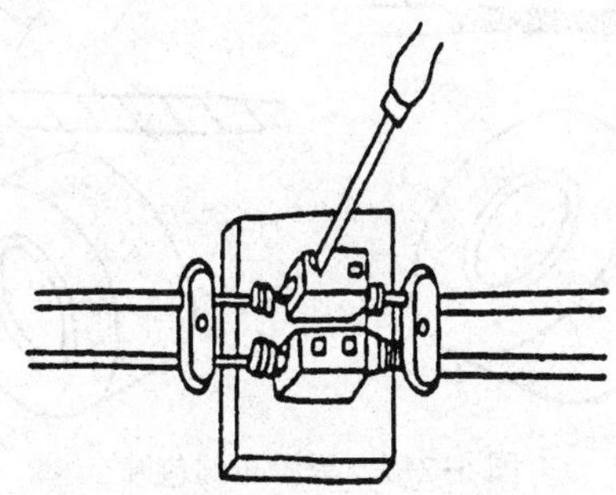

图 5–2–1　单股铝芯导线的螺钉压接法

（2）压接管压接法

压接管压接法适用于较大负载的多股铝芯导线的直接连接，需使用压接钳和压接管。应根据多股铝芯导线的规格选择合适的压接管。压接管压接方法如下。

首先除去需连接的两根多股铝芯导线的绝缘层，用钢丝刷清除铝芯线头和压接管内壁的铝氧化膜，并涂上中性凡士林。然后将两根铝芯线头相对穿入压接管，并使线端穿出压接管 25 ～ 30 mm。最后进行压接，压接时第一道压坑应在铝芯线头一侧，不可压反，如图 5–2–2 所示。

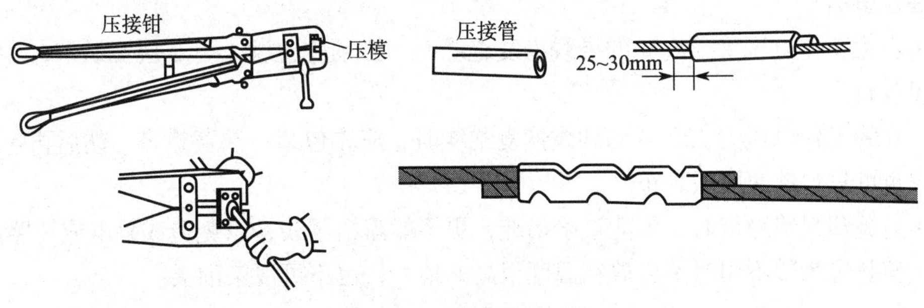

图 5–2–2　压接管压接法

三、导线的绝缘处理

绝缘导线的连接处或其外皮损坏后，必须要恢复绝缘，以防止裸露的导线造成事故。此时，一般用绝缘黑胶布和塑料绝缘带作为绝缘材料。

1. 包扎黑胶布的方法

一般情况下，只需要用黑胶布包扎 2 ～ 3 层即可。缠绕时，起始端要缠紧，这样后面才能缠牢。包扎从左端开始，一般包扎约两根带宽后方可进入裸露层的芯线部分包缠；黑胶布缠绕在导线上，保持约 55° 的倾斜角度，每圈压叠带宽的 1/2；缠至导线无绝缘层的另一端后，继续缠绕两根带宽，返回包缠，仍保持约 55° 的倾斜角度和压叠约 1/2 带宽，直至起始端，如图 5-2-3 所示。

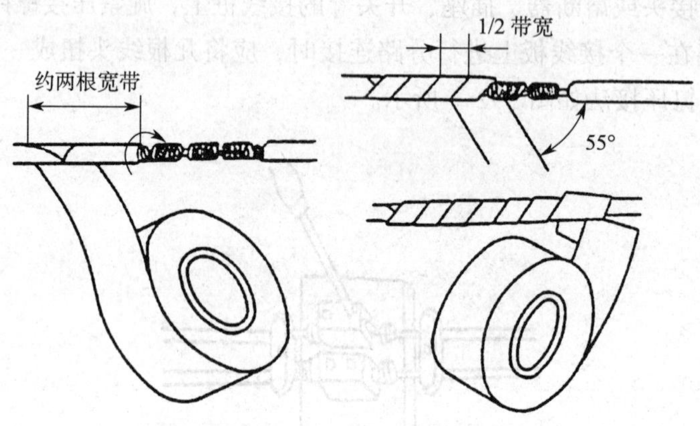

图 5-2-3　黑胶布的包缠

2. 导线直接连接后的绝缘恢复

（1）将塑料绝缘带从导线左边完整的绝缘层上开始包缠，包缠两根带宽后方可进入连接芯线部分。

（2）包至连接芯线的另一端时，继续包缠至完整绝缘层上两根带宽的距离。包缠完成后，用电工刀切断塑料绝缘带。

（3）在塑料绝缘带的尾端接上黑胶布，将黑胶布从右往左包缠。黑胶布与导线保持 55° 的倾斜角度，其重叠部分约为带宽的 1/2。

（4）包缠完成后，撕断黑胶布。

3. 注意事项

（1）在为工作电压为 380 V 的导线恢复绝缘时，必须先包缠 1 ～ 2 层黄蜡带，然后再包缠一层黑胶布。

（2）在为工作电压为 220 V 的导线恢复绝缘时，应先包缠一层黄蜡带，然后再包缠一层黑胶布，也可只包缠两层黑胶布。

（3）包缠塑料绝缘带时，不能过于稀疏，更不能露出芯线，以免造成触电或短路。

（4）塑料绝缘带不用时不可放在温度很高的地方，也不可浸染油类。

任务实施

一、主要工具、材料准备

工具清单见表 5-2-8，材料清单见表 5-2-9。

表 5-2-8 工具清单

序号	名称	数量	备注
1	钢丝钳、尖嘴钳、斜口钳、剥线钳、电工刀、压接钳	1套	可根据实验情况自定
2	塑料绝缘带	1卷	
3	黑胶布	1卷	

表 5-2-9 材料清单

序号	名称	规格	数量
1	硬塑料单芯导线	1.6 mm^2	若干
2	软塑料单芯导线	2.5 mm^2	若干
3	塑料护套线	—	若干
4	单股 / 多股导线（铜芯、铝芯）	—	若干
5	压接管	—	1根

二、绝缘层的剖削

1. 用电工刀剖削 1.6 mm^2 硬塑料单芯导线端头的绝缘层。
2. 用钢丝钳剖削 2.5 mm^2 软塑料单芯导线端头的绝缘层。
3. 用电工刀剖削塑料护套线端头的绝缘层。

三、导线的连接

1. 用单股铜芯导线进行直接连接和 T 形连接。
2. 用多股铜芯导线进行直接连接和 T 形连接。
3. 用铝芯导线进行螺钉压接和压接管压接。

四、导线包扎

按照导线的绝缘处理方法进行导线的包扎。

任务测评

任务测评表见表 5-2-10。

表 5-2-10 任务测评表

序号	测评项目	标准	评分			备注
			自评	互评	师评	
1	硬塑料单芯导线端头绝缘层的剖削（15 分）	剖削方法正确，无损伤				
2	软塑料单芯导线端头绝缘层的剖削（15 分）					
3	塑料护套线端头绝缘层的剖削（15 分）					

续表

序号	测评项目	标准	评分			备注
			自评	互评	师评	
4	单股铜芯导线的直接连接和T形连接（15分）	连接/压接方法正确，连接/压接平整、牢固				
5	多股铜芯导线的直接连接和T形连接（15分）					
6	铝芯导线的螺钉压接和压接管压接（15分）					
7	导线的包扎（10分）	包扎方法正确，绝缘可靠，无露铜				
总分						

项目六　配电箱配线、安装与测试

任务1　配电箱的安装规范

任务目标

1. 熟悉配电箱的定义和分类。
2. 掌握配电箱的基本安装规范。

任务要求

本任务要求学生学习配电箱的基本安装规范。

相关知识

一、配电箱的定义

配电箱是按电气接线要求将开关设备、测量仪表、保护电器和辅助设备组装在封闭或半封闭金属柜中或屏幅上构成的设备。配电箱正常运行时可借助手动或自动开关接通或分断电路；不正常运行时可借助保护电器切断电路或报警。配电箱可显示运行状态中的电压、电流等参数，还可对某些电气参数进行调整，对偏离正常工作状态进行提示或发出警告信号。

配电箱具有体积小、安装方便、操作可靠、空间利用率高、占地少且环保等特点，广泛应用于工厂、变电所和建筑中。

二、配电箱的分类

1. 按材料分

配电箱按材料分为木制和金属制两种，因为金属配电箱的防护等级比木制配电箱要高一些，所以用得比较多。

2. 按用途分

配电箱按用途可以分为以下几类。

（1）固定面板式开关柜

固定面板式开关柜常称为开关板或配电屏，如图 6-1-1 所示。它是一种有面板遮拦的开启式开关柜，正面有防护作用，背面和侧面仍能触及带电部分。其防护等级低，只能用于对供电连续性和可靠

图 6-1-1　固定面板式开关柜

性要求较低的工矿企业，作变电室集中供电用。

（2）防护式开关柜

防护式开关柜又称封闭式开关柜，是指除安装面外，其他所有面都被封闭起来的一种低压开关柜，如图 6–1–2 所示。这种开关柜的开关、保护和监控等电气元件均安装在一个用钢或绝缘材料制成的封闭外壳内，可靠墙或离墙安装。开关柜内每条回路之间可以不加隔离措施，也可以采用接地的金属板或绝缘板进行隔离。防护式开关柜主要用作工艺现场的配电装置。

（3）抽屉式开关柜

这类开关柜采用钢板制成封闭外壳，进出线回路的电气元件都安装在可抽出的抽屉中，构成能完成某一类供电任务的功能单元，如图 6–1–3 所示。功能单元与母线或电缆之间用接地的金属板或塑料制成的功能板隔开，形成母线、功能单元和电缆三个区域。每个功能单元之间也有隔离措施。抽屉式开关柜有较高的可靠性、安全性和互换性，是比较先进的开关柜，适用于要求供电可靠性较高的工矿企业、高层建筑，作为集中控制的配电中心。

图 6–1–2　防护式开关柜

图 6–1–3　抽屉式开关柜

（4）动力、照明配电箱

动力、照明配电箱多为封闭式垂直安装。因使用场合不同，其外壳防护等级也不同，主要用作工矿企业生产现场的配电装置，如图 6–1–4 所示。

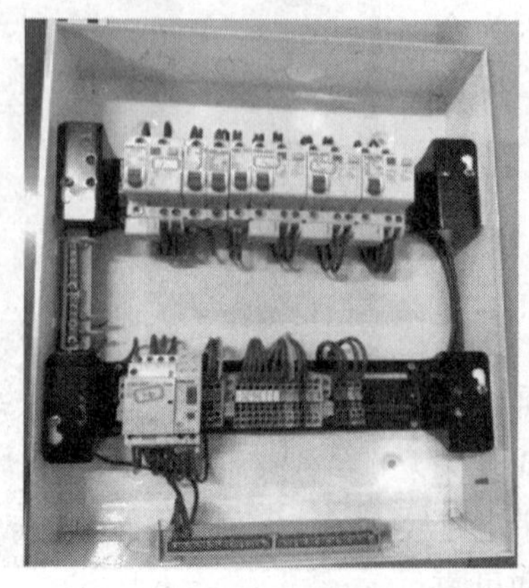

图 6–1–4　动力、照明配电箱

3. 按结构特征分

配电箱按结构特征可以分为焊接结构（将钣金件经过简单的裁剪、折弯、开孔后焊接在一起）和拼装结构（把钣金件分开加工，每个部件加工好以后再组装在一起，用螺钉和三通加固锁死。其外形美观，操作简单，可以节约大量的运输成本）。

三、配电箱的基本安装规范

1. 安装配电箱的基本要求

（1）配电箱应安装在安全、干燥、易操作的场所。安装配电箱时，其底部距地一般为 1.5 m（明装时底部距地 1.2 m）；明装电度表板底部距地不得小于 1.8 m。在同一建筑物内，同类配电箱的高度应一致，允许偏差为 ±10 mm。

（2）铁制配电箱均需先刷一遍防锈漆，再刷两道灰油漆。

（3）配电箱配线应排列整齐，并绑扎成束，活动部位应固定。盘面引出及引进的导线应留有适当余量，以便于检修。

（4）剖削导线时不应伤芯线或使芯线过长，导线压接头应牢固、可靠，多股导线不应盘圈压接，应加装压线端子（有压线孔者除外）。若必须穿孔用顶丝压接时，多股导线应刷锡后再压接，不得减少导线股数。

（5）导线引出面板时，面板出线孔应光滑，无毛刺，金属面板应装设绝缘保护套。一般情况下一孔只穿一线，但下列情况除外。

1）指示灯配线。

2）控制两个分闸的总闸配线线号相同。

3）一孔进多线的配线。

（6）配电箱的盘面上安装的各种刀闸及自动开关等，当处于断路状态时，刀片可动部分均不应带电（特殊情况除外）。

（7）垂直装设的刀闸及熔断器等电气元件上端接电源，下端接负荷。横装者左侧（面对盘面）接电源，右侧接负荷。

（8）配电箱上的电源指示灯，其电源应接至总开关的外侧，并应装设单独的熔断器（电源侧）。盘面闸具的位置应与支路相对应，其下面应装设卡片框，标明路别及容量。

（9）照明配电箱内的交流、直流或不同电压等级的电源，应具有明显的标志。

（10）照明配电箱不应采用可燃材料制作，在干燥、无尘场所采用的木制配电箱应做阻燃处理。

（11）照明配电箱内应分别设置中性线和保护地线（PE 线）汇流排，中性线和保护地线应在汇流排上连接，不得绞接，并应有编号。

（12）照明配电箱内装设的螺旋式熔断器，其电源线应接在中间触点的端子上，负荷线应接在螺纹端子上。

（13）当 PE 线所用材质与相线相同时，应按热稳定性要求选择截面积，相线芯线截面积与 PE 线最小截面积的关系应符合表 6-1-1 的规定。

表 6-1-1 相线芯线截面积与 PE 线最小截面积的关系 mm^2

相线芯线截面积 S	PE 线最小截面积	相线芯线截面积 S	PE 线最小截面积
$S\leq16$	5	$S>35$	$S/2$
$16<S\leq35$	16		

注意，用此表若得出非标准截面积时，应选用与之最接近的标准截面积导体，但不得小于：裸铜线 4 mm^2，裸铝线 6 mm^2，绝缘铜线 1.5 mm^2，绝缘铝线 2.5 mm^2。

（14）保护地线若不是供电电缆或电缆外护层的组成部分时，按力学强度要求，其截面积不应小于下列数值：有机械性保护时为 2.5 mm^2，无机械性保护时为 4 mm^2。

（15）配电箱上的小母线应带有黄（U 相）、绿（V 相）、红（W 相）、淡蓝（中性线）等颜色，黄绿相间双色线（PE 线）为保护地线。

（16）配电箱中的电气元件、仪表应牢固、平正、整洁、间距均匀，铜端子无松动、开闭灵活。配电箱中电气元件、仪表的排列间距应符合表 6-1-2 的规定。

表 6-1-2 配电箱中电气元件、仪表排列间距的规定

间距		最小尺寸
仪表侧面之间或侧面与盘边		60 mm 以上
仪表顶面或出线孔与盘边		50 mm 以上
闸具侧面之间或侧面与盘边		30 mm 以上
上、下出线孔之间		40 mm 以上（隔有卡片框） 20 mm 以上（未隔卡片框）
插入式熔断器顶面或底面与出线孔	10 ～ 15 A①	20 mm 以上
	20 ～ 30 A	30 mm 以上
	60 A	50 mm 以上
仪表、胶盖闸顶面或底面与出线孔	10 mm^2 及以下②	80 mm
	16 ～ 25 mm^2	100 mm

①插入式熔断器规格，②导线截面积。

（17）照明配电箱应安装牢固、平正，其垂直偏差不应大于 ±3 mm；安装时，照明配电箱四周应无空隙，其面板四周边缘应紧贴墙面，箱体与建筑物、构筑物接触部分应涂防腐漆。

（18）固定面板的机螺钉，应采用镀锌圆帽机螺钉，其间距不得大于 250 mm，并应均匀地对称于四个角。

（19）配电箱面板较大时，应有加强衬铁，当配电箱宽度超过 500 mm 时，箱门应做双开门。

（20）配电箱如装有超过 50 V 的电气设备，可开启的门、活动面板和活动台面必须用裸铜软线与接地良好的金属构架可靠连接。

2. 配电箱的安装方式

配电箱一般有明装和暗装两种，其中明装应用较为广泛。

明装配电箱分为暗管明箱和明管明箱两种，安装方式大致相同。施工中较多采用暗管明箱的做法，此做法的弊端是箱后的暗装接线盒不利于检查和维修，一旦遇到换线、查线等情况，必须拆下明装配电箱。明管明箱的做法可避免这个问题，方便检查和维修，但外露的线管不美观且较占用空间。明装配电箱示意图如图 6-1-5 所示。

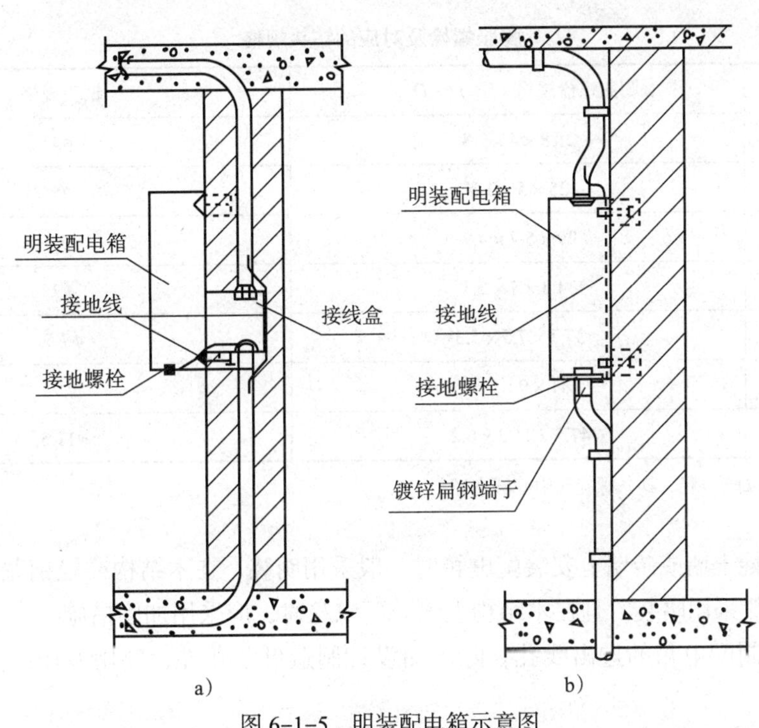

图 6-1-5　明装配电箱示意图

a）暗管明箱　b）明管明箱

3. 配电箱的安装

（1）拆开配电箱

安装配电箱时应先将配电箱拆开分为箱体、箱内盘芯、箱门三部分，放置好拆卸下来的螺钉、螺母和垫圈等，然后用膨胀螺栓固定配电箱体，其方法如下。

根据画线定位的要求，找到墙体及箱体固定点的准确位置，一个箱体的固定点一般有四个，均匀地分布于四个角，用电钻在墙体及箱体固定点的位置钻孔，其孔径应刚好将膨胀螺栓的胀管部分埋入墙内，且孔洞应平直，不得歪斜。将箱体的孔洞与墙体的孔洞对正，注意应加镀锌弹垫、平垫，将箱体稍加固定，待用水平尺将箱体调整平直后，再将膨胀螺栓逐个拧牢固。

（2）安装箱内盘芯

先将箱体内的杂物清理干净，分清支路和相序，并在导线末端用白胶布或其他材料临时标注清楚，再把盘芯安装牢固，最后将导线端头按标好的支路和相序引至箱体或盘芯上，逐个剖削导线端头并压接好，同时将保护地线按要求压接牢固。

（3）安装箱门

把箱门安装在箱体上。先用仪表校对箱内电气元件有无差错，调整无误后试送电，然后把此配电箱的系统图贴在箱门内侧，并标明各个闸具的用途及回路的名称，以便日后操作。

4. 配电箱的固定

（1）固定配电箱的方法有用铁架固定配电箱和用膨胀螺栓固定配电箱等，其中用膨胀螺栓固定配电箱较为常见。膨胀螺栓及对应的钻头规格见表 6–1–3。

表 6–1–3　膨胀螺栓及对应的钻头规格　mm

序号	膨胀螺栓规格（$L \times D \times D_1$）	钻头规格
1	21.8 × 4 × 2.8	ϕ4
2	25 × 5 × 3.8	ϕ5
3	29 × 5.7 × 4.9	ϕ5.5
4	34.3 × 7 × 5.3	ϕ7
5	37.7 × 7.5 × 5.3	ϕ7.5
6	41 × 9 × 5.8	ϕ9
7	47.5 × 11.2 × 6.2	ϕ11.5

注：L—长度，D—外径，D_1—螺旋孔中心圆直径。

（2）在混凝土墙或砖墙上安装配电箱时一般采用明装，在木结构或轻钢龙骨护板墙上安装配电箱时一般采用暗装。且在木结构上安装配电箱时，应采用加固措施。

（3）金属制配电箱的进出线孔，除产品设计制造可开孔外，要用专用的开孔机具进行开孔。

5. 注意事项

（1）画线定位时要注意设备（建筑）的地面是否水平，若配电箱的标高或垂直度超过允许偏差是由于测量定位不准确或者是地面高低不平造成的，应及时进行修正。

（2）用铁架安装、固定配电箱时，若铁架位置不正，可能是由于在安装铁架之前未进行调直找正，或安装时固定点位置偏移造成的，应用线坠重新找正后再进行固定。

（3）配电箱的箱体高度在 50 cm 以下时，其垂直度的允许偏差为 ±1.5 mm；配电箱的箱体高度在 50 cm 及以上时，其垂直度的允许偏差为 ±3 mm。

（4）挂壁明装：根据进出电线、电缆的方向及规格，在配电箱的顶部或底部开孔。配电箱的所有开孔处都需要用橡胶皮保护孔的边缘，以防止损坏电线、电缆。

（5）落地明装：部分出线回路多的配电箱，由于其质量大，为了保证安装牢固，须采用落地明装。

任务实施

通过分组学习，团队协作完成表 6–1–4 中的内容。

表 6-1-4 认识配电箱

问题	答案
配电箱的种类	
配电箱的基本安装要求	
配电箱的安装注意事项	

任务测评

任务测评表见表 6-1-5。

表 6-1-5 任务测评表

序号	测评项目	标准	评分			备注
			自评	互评	师评	
1	学习态度（15 分）	积极参加团队学习和讨论，按时完成各项学习任务				
2	团队合作（20 分）	团队合作意识强，善于与人交流和沟通				
3	任务完成情况（65 分）	正确完成全部任务				
总分						

任务 2 配电箱电气元件的安装规范

任务目标

1. 掌握电气元件的基本安装规范。
2. 熟悉低压电器的安装条件和操作工艺。
3. 掌握常用低压电器的安装方法和接线方法，能进行低压电器绝缘电阻的测量。
4. 熟悉低压电器工程质量检验评定标准。

任务要求

本任务要求学生学习配电箱电气元件的安装规范。

相关知识

一、电气元件的基本安装规范

1. 明确图纸及技术要求。

2. 检查电气元件型号、规格和数量等是否与图纸相符。

3. 检查电气元件有无损坏。

4. 必须按图纸安装（如果有图纸）。

5. 电气元件组装顺序应从板前视，由左至右，由上至下。

6. 同一型号的电气元件应保证组装的一致性。

7. 组装电气元件应符合以下条件。

（1）操作方便。在操作电气元件时，不应受到空间的限制，不应有触及带电体的可能。

（2）维修容易。能够较方便地更换电气元件及维修连接导线。

（3）各种电气元件和系统的电气间隙、爬电距离应符合规定。

（4）保证一、二次线的安装距离。

8. 组装所用紧固件及金属零部件均应有防护层，对螺钉过孔、边缘及表面的毛刺等应打磨平整后再涂敷导电膏。

9. 紧固螺栓时应选择合适的工具，不得破坏其防护层，并注意相应的扭矩。

10. 所有电气元件及附件均应固定安装在支架或底板上，不得悬吊在电器及连线上。

11. 安装因振动易损坏的电气元件时，应在电气元件和安装板之间加装橡胶垫减振。

12. 应将母线、电气元件上预留的接线用螺栓拧紧。

二、低压电器的安装条件和操作工艺

低压电器是指在 500 V 以下的供配电系统中对电能的生产、输送、分配与应用起转换、控制、保护与调节等作用的电器。

低压电器用于发电、输电、配电等场所及电气传动和自动控制等设备中。

低压电器通常分为配电电器和控制电器。配电电器主要有断路器、熔断器、刀开关和转换开关等，其主要品种及用途见表 6-2-1。控制电器主要有接触器、控制继电器、启动器、控制器、主令控制器等，其主要品种及用途见表 6-2-2。

表 6-2-1　　配电电器的主要品种及用途

序号	分类	主要品种	用途
1	断路器	万能式空气断路器、塑料外壳式断路器、限流式断路器、直流快速断路器、漏电保护断路器	主要用于交流、直流电路的过载、短路或欠压保护，也可用于不频繁操作的电器

续表

序号	分类	主要品种	用途
2	熔断器	有/无填料管式熔断器、保护半导体器件用熔断器、自复式熔断器	用于交、直流电路和相关设备的短路或过载保护
3	刀开关	熔断器式刀开关、大电流刀开关、负荷开关	主要用于隔离电源和分断负载
4	转换开关	组合开关、换向开关	主要用于两相及以上电源或负载的转换和通断电路

表 6-2-2　　控制电器的主要品种及用途

序号	分类	主要品种	用途
1	接触器	交流接触器、直流接触器、真空接触器	主要用于远距离频繁地启动或控制交、直流电动机以及接通、分断正常工作的主电路和控制电路
2	控制继电器	电流继电器、电压继电器、时间继电器、中间继电器、热过载继电器、温度继电器	在控制系统中，用于控制其他电器或保护主电路
3	启动器	电磁启动器、手动启动器、Y/△启动器	主要用于交流电动机的启动或正反转控制
4	控制器	凸轮控制器、平面控制器	主要用于控制电路中转换主回路和励磁回路，以达到电动机启动、换向和调速的目的
5	主令控制器	按钮、限位开关、微动开关、万能转换开关	用于接通、分断控制电路，以发布命令或用作程序控制

1. 安装条件

（1）低压电器应按已批准的设计要求进行施工。

（2）安装低压电器前，应具备下列条件。

1）拆除对低压电器安装有妨碍的模板、脚手架等，清理干净场地。

2）室内地面基层施工完毕，并在墙上标出抹灰（面）标高。

3）设备基础和构架达到允许安装的强度，焊接构件的力学强度符合设计要求。

4）预埋件、预留孔的位置和尺寸符合要求，预埋件预埋牢固。

（3）设计图纸齐全，并且经过设计技术交底。施工方案已编制审定。

（4）设备、材料按施工方案的要求已组织进场，并经过检查、清点，符合设计要求；附件、备件齐全；低压电器技术文件齐全。

（5）室外安装的低压电器应有防止雨、雪、风沙等侵入的措施。

2. 操作工艺

（1）工艺流程

开箱→预留、预埋→摆位→画线→钻孔→固定→器件安装。

（2）开箱检查要求

1）部件完整，瓷件应清洁，不应有裂纹和伤痕。制动部分动作灵活、准确。电器与支架应接触紧密。

检验方法：用手扳动，观察和做启闭检查。

2）控制器及主令控制器应转动灵活，触头有足够的压力。

检验方法：做启闭检查。

3）接触器、电磁启动器及自动开关的接触面应平整，触头有足够的压力，接触良好。

检验方法：做启闭检查。

4）刀开关及熔断器的固定触头应有足够的压力。刀开关合闸时，各刀片的动作应一致。熔断器的熔丝或熔片应压紧，不应有损伤。

检验方法：用手扳动、观察和做启闭检查。

5）低压电器与母线连接应紧密。

6）油漆应完好。防腐处理应均匀、无遗漏。

7）低压电器的安装应与配线工作密切配合，尤其是配合土建预留、预埋工作，一定要保证设计位置、配管（线）到位。

（3）支架或配电箱（板）的安装要求

1）核对预埋线路所留的低压电器的安装位置，应符合设计图纸的要求。

2）制作（或订购）支架或配电箱（板）并进行就位安装。

（4）低压电器的安装要求

低压电器及其操作机构的安装高度、固定方式，若设计无规定，可按下列要求进行。

1）用支架或垫板固定在墙体或柱子上。

2）落地安装的低压电器，其底面一般应高出地面 50 ～ 100 mm。

3）操作手柄中心距离地面一般为 1 200 ～ 1 500 mm；侧面操作的手柄距离建筑物或其他设备不宜小于 200 mm。

4）成排或集中安装的低压电器应排列整齐，以便于操作和维护。

5）紧固螺栓的规格应选配适当，低压电器要固定牢靠，不得采用焊接。

6）低压电器内部不应受到额外的应力。

7）有防振要求的低压电器要加设减振系统，紧固螺栓应有防松措施，如加装锁紧螺母、锁钉等。

8）采用膨胀螺栓固定时，注意规格、钻孔尺寸和埋设深度的选取。

三、常用低压电器的安装

1. 刀开关的安装

（1）刀开关应垂直安装在开关板上（或控制屏、箱上），并要使支座位于上方。若支座位于下方，则当刀开关打开时，如果支座松动，闸刀会在自重的作用下向下掉落而误动作，造成严重的事故。

（2）刀开关用作隔离开关时，合闸顺序为先合上刀开关，再合上其他用以控制负载的开关；分闸顺序则相反。

（3）严格按照产品说明书规定的分断能力分断负荷，无灭弧罩的刀开关一般不允许分断负载，否则有可能导致燃弧，使刀开关使用寿命缩短，严重的还会造成电源短路、开关烧毁，甚至发生火灾。

（4）刀片与固定触头的接触良好，大电流的触头或刀片可适量加润滑油（脂）；有消弧触头的刀开关，各相的分闸动作应迅速、一致。

（5）双投刀开关在分闸位置时，刀片应能可靠地接地固定，不得使刀片有自行合闸的可能。

2. 直流母线隔离开关的安装

（1）直流母线隔离开关无论垂直或水平安装，刀片应垂直于板面；在混凝土基础上安装时，刀片底部与基础间应有不小于 50 mm 的距离。

（2）直流母线隔离开关动触片与两侧压板的距离应调整均匀。合闸后，接触面应充分压紧，刀片不得摆动。

（3）刀片与母线直接连接时，母线固定端必须牢固。

3. 熔断器的安装

（1）熔断器及熔丝的容量应符合设计要求。

1）对于变压器、电炉和照明等负载，熔丝的额定电流应略大于或等于负载电流。

2）对于输配电线路，熔丝的额定电流应略小于或等于线路的安全电流。

3）熔断器的选择：额定电压应大于或等于线路的工作电压；额定电流应大于或等于所装熔丝的额定电流。

常用铅锡合金熔丝的规格见表 6-2-3。

表 6-2-3 常用铅锡合金熔丝的规格

熔丝直径 /mm	近似线号	熔断电流 /A	额定电流 /A
0.51	25	3	2.3
0.56	24	3.5	2.5
0.61	23	4	2.6
0.71	22	5	3.3
0.81	21	6	4
0.92	20	7	4.8
1.22	18	10	7
1.63	17	16	11
1.83	16	19	13
2.03	15	22	15
2.34	14	27	18
2.64	13	32	22
2.95	12	37	26
3.25	11	44	30

（2）熔断器的安装位置及间距应便于更换熔丝；更换熔丝时，应切断电流，不允许带负荷换熔丝，并应换上相同额定电流的熔丝。

（3）有熔断指示的熔丝，其指示器的方向应装在便于观察侧。

（4）在金属底板上安装瓷质熔断器时，其底座应垫软绝缘衬垫。安装螺旋式熔断器时，应将电源线接至瓷底座的接线端，以保证安全。若是管式熔断器，应垂直安装。

（5）安装熔断器时应保证熔丝和插刀以及插刀和刀座接触良好，以免因熔丝温度升高而发生误动作。安装熔丝时，必须注意不要使它受机械损伤，以免减少熔丝的截面积，产生局部发热而造成误动作。

4. 自动开关的安装

（1）自动开关一般应垂直安装，其上下端导线必须使用规定截面积的导线或母线连接。

（2）裸露在箱体外部且易触及的导线端子应加绝缘保护。

（3）自动开关与熔断器配合使用时，应尽可能先装熔断器，以保证使用安全。

（4）使用自动开关之前，应将脱扣器电磁铁工作面的防锈油脂擦去，以免影响电磁机构动作。脱扣器的整定值一经调好不允许随意变动，而且使用时间较长后要检查其弹簧是否生锈、卡住，以免影响其动作。

（5）安装自动空气开关等有返回弹簧的开关设备时，应将开关置于断开位置。

（6）自动开关操作机构的安装

1）操作手柄或传动杠杆的开、合位置应正确，操作力不应大于产品的允许值。

2）电动操作机构的接线应正确。在合闸过程中开关不应跳跃；开关合闸后，限制电动机或电磁铁通电时间的联锁系统应及时动作，使电磁铁或电动机的通电时间不超过产品的允许值。

3）触头接触面应平整，合闸后接触应紧密。

4）触头在闭合、断开过程中，可动部分与灭弧室的零件不应有卡阻现象。

5）有半导体脱扣系统的自动开关，其接线应符合相序要求，脱扣系统的动作应可靠。

5. 接触器与启动器的安装

（1）安装前的检查

1）电磁铁的铁芯表面应无锈斑及油垢，以免因锈斑和油垢粘住触头造成接触器断电不释放。触头的接触面应平整、清洁。

2）接触器、启动器的活动部件动作应灵活，无卡阻；衔铁吸合后应无异常响声，触头接触紧密，断电后应能迅速脱开。

3）检查接触器铭牌及线圈上的额定电压、额定电流等技术数据是否符合使用要求；电磁启动器热元件的规格应按电动机的保护特性选配。

（2）安装

1）接触器的安装。接触器的底面与地面垂直，倾斜度不超过5°；安装CJ0系列接触器时，应使有孔的两面放在上、下位置，以利于散热，从而降低线圈的温度。

2）启动器的安装

①启动器应垂直安装。

②油浸式启动器的油面不得低于标定的油面线。

③减压抽头（65% ～ 80% 额定电压）应按负荷的要求进行调整，但启动时间不得超过自耦减压启动器的最大允许启动时间。

④连续启动累计时间或一次启动时间接近最大允许启动时间时，应待其充分冷却后才能再次启动。

⑤可逆电磁启动器防止同时吸合的联锁系统应动作正确、可靠。

⑥ Y/ △启动器应在电动机转速接近运行转速时进行切换；自动转换的应按电动机负荷要求正确调节延时系统。

6. 按钮的安装

（1）安装按钮时，其间距应为 50 ～ 100 mm；倾斜安装时，其与水平面的倾角不宜小于 30°。

（2）按钮操作应灵活、可靠，无卡阻。

（3）集中一处安装的按钮应有编号或不同的识别标志，“紧急”按钮应有鲜明的标记。

7. 控制器的安装

（1）凸轮控制器及主令控制器应装在便于操作和观察的位置，操作手柄或手轮的安装高度一般为 1 ～ 1.2 m。

（2）控制器操作应灵活，挡位准确。

（3）操作手柄或手轮的动作方向应尽量与机械系统的动作方向一致。

（4）操作手柄或手轮在各个不同位置时，触头分、合的顺序均应与控制器的接线图相符合。

（5）控制器触头压力均匀，触头超行程不小于产品技术文件规定。凸轮控制器主触头的灭弧系统应完好。

（6）控制器的转动部分及齿轮减速机构应润滑良好。

四、低压电器的接线

1. 按低压电器的接线端头标志接线。

2. 一般情况下，电源侧的导线应连接在进线端（固定触头接线端），负荷侧的导线应连接在出线端（可动触头接线端）。

3. 低压电器的接线螺栓及螺钉应有防锈镀层，连接时，螺钉应拧紧。

4. 连接母线与低压电器时，连接处不同相母线的最小净距应不小于表 6-2-4 的规定。

表 6-2-4　连接处不同相母线的最小净距

额定电压 U/V	最小净距 /mm
$U \leqslant 500$	10
$500 < U \leqslant 1\,200$	14

5. 胶壳闸刀开关接线时，电源进线与出线不能接反，否则更换熔丝时易发生触电事故。

6. 铁壳开关的电源进线与出线不能接反，60 A 以上铁壳开关的电源进线座在上方，60 A

以下铁壳开关的电源进线座在下方。铁壳开关外壳必须有可靠的接地。

7. 电气设备的金属外壳必须接地或接零。同一设备可同时做接地和接零，同一供电网不允许有的接地有的接零。

五、低压电器绝缘电阻的测量

1. 测量部位

（1）触头在断开位置时，同极的进线与出线端之间。

（2）触头在闭合位置时，不同极的带电部件之间。

（3）各带电部分与金属外壳之间。

2. 判定标准

测量绝缘电阻使用的兆欧表电压等级及所测的绝缘电阻应符合《电气装置安装工程　电气设备交接试验标准》(GB 50150—2016）的规定。

六、低压电器工程质量检验评定标准

低压电器工程质量检验评定标准见表 6-2-5。

表 6-2-5　　低压电器工程质量检验评定标准

类别	项目		质量标准	检验方法	检查数量
保证项目	1	绝缘测量	绝缘电阻值必须符合施工规范规定	实测或检查绝缘电阻测试记录	按不同类型抽查 5 件
	2	电器的导电接触面和开关、母线连接处的接触面	导电接触面、开关与母线连接处必须接触紧密，用 0.05 mm × 10 mm 的塞尺检查：面接触的接触面宽 50～60 mm 时，塞尺塞入深度不大于 4 mm；接触面宽 60 mm 及以上时，塞尺塞入深度不大于 6 mm（线接触不适用）	实测和检查安装记录	按不同类型各抽查 1～3 件
基本项目	1	电器的安装	合格：部件完整，安装牢靠，排列整齐；绝缘器件无裂纹、缺损；电器的活动接触部分接触良好，触头压力符合电器技术条件；电刷在刷握内能上、下活动；集电环表面平整、清洁；电磁铁铁芯表面无锈斑及油垢，吸合、释放正常，通电后无异常噪声；注油的电器油位正确，指示清晰，油试验合格，贮油部分无渗漏现象 优良：在合格的基础上，电器表面整洁，固定电器的支架或盘、板平整，电器的引线整齐、固定可靠，电器及其支架油漆完整	观察和试通电检查，检查安装记录	按不同类型抽查 5 件
	2	电器操作机构的安装	合格：动作灵活，触头动作一致，各联锁、传动系统位置正确 优良：在合格的基础上，操作时无较大振动和异常噪声，需润滑的部位润滑良好	观察和试操作检查	按不同类型抽查 5 件
	3	电器引线的焊接	合格：焊缝饱满，表面光滑，焊剂清除干净，锡焊焊剂无腐蚀性 优良：在合格的基础上，焊接处防腐和绝缘处理良好，引线绑扎整齐，固定可靠	观察	抽查 10 处
	4	电器及其支架接地（接零）线的敷设	合格：连接紧密、牢固，接地（接零）线截面选用正确，需防锈的部分涂漆均匀，无遗漏 优良：在合格的基础上，线路走向合理，色标准确		抽查 5 处

任务实施

通过分组学习，团队协作完成表 6-2-6 中的内容。

表 6-2-6 **认识低压电器**

问题	答案
低压电器的安装条件	
低压电器的操作工艺	
低压电器绝缘电阻的测量部位	

任务测评

任务测评参考表 6-1-5。

任务 3　配电箱电气元件及配线的安装与测试

任务目标

1. 掌握配电箱的设计原则。
2. 熟悉兆欧表的使用方法。
3. 掌握用兆欧表测量绝缘电阻的方法。
4. 能正确进行配电箱电气元件及配线的安装与测试。

任务要求

本任务要求学生根据以下要求，完成配电箱电气元件及配线的安装与测试。

1. 供电电源

380 V，三相异步电动机功率为 100 W。

2. 信号指示灯要求

H4——显示电动机正转（绿色），H5——显示电动机反转（绿色）。

3. 手动模式功能说明

（1）转换开关 SA 转到左侧，选择手动模式，LOGO（自动模式）断电。

（2）按下 SB1 按钮，KM1 得电，电动机正转运行。

（3）按下行程开关 SQ1，电动机停止。

（4）按下 SB2 按钮，KM2 得电，电动机反转运行。

（5）碰到行程开关 SQ2，电动机停止。

（6）任何时刻按下 SB3 按钮，电动机停止。

（7）当按下急停按钮 SB4 时，电动机立即停止，且电路不被启动。

（8）过载时，电动机立即停止，且在热继电器未复位时，电路不能启动。

4. LOGO 编程说明

KM1 控制电动机正转，KM2 控制电动机反转。

（1）转换开关 SA 转到右侧，选择自动模式，LOGO 得电。

（2）按下启动按钮 SB5，3 s 后 KM1 得电，电动机正转运行。

（3）碰到行程开关 SQ1，KM1 断电，电动机停止。

（4）按下启动按钮 SB6，KM2 得电，电动机反转运行。

（5）碰到行程开关 SQ2，KM2 断电，电动机停止。

（6）任何时刻按下按钮 SB7，电动机停止。

（7）过载时，电动机立即停止，且在热继电器未复位时，电路不能启动。

（8）当按下急停按钮 SB4 时，电动机立即停止，且电路不能启动。

相关知识

一、配电箱的设计原则

1. 用电负荷

用电负荷是确定电度表的容量、进线总开关脱扣器额定电流和进线规格的主要依据，它一般根据负荷电流来确定。

2. 导线的选择

选用导线的首要原则是保证线路安全、可靠地运行，在此前提下兼顾经济性和敷设施工方便。基本选用原则参考项目五中导线的选用部分，此外还要考虑所选导线的力学强度。如有些负荷较小的设备，虽然选择很小截面的导线就能满足允许电流的要求，但还必须查看其是否满足导线力学强度所允许的最小截面，如果这项要求不能满足，就要按导线力学强度所允许的最小截面重新选择。

导线颜色的选择：敷设导线时，相线、中性线和保护地线应采用不同颜色的导线。三相电源中 U、V、W 相分别采用黄、绿、红色，中性线或保护地线采用黄 / 绿双色；单相电源的相线采用红色，中性线用淡蓝色或白色，保护地线采用黄 / 绿双色或黑色等。如果住户电源已布线，因条件限制，导线颜色的选择可以适当放宽。

3. 电度表的选择

电度表分为单相电度表、三相三线有功电度表和三相四线有功电度表等。电度表容量选择太大或者太小，都会造成计量不准，且若容量选择太小，还会烧毁电度表。电度表的规格以标定电流的大小划分，标定电流是指电度表计量电能时的标准计量电流，有 1 A、2 A、2.5 A、3 A、5 A、10 A、15 A、30 A 等。

电度表的容量可根据其额定最大电流来选取。额定最大电流是指电度表可在一定时间内超载运行的最大电流值，因此，额定最大电流又表明了电度表的过载能力。如标有“DD862–4，220 V，10（40）A，50 Hz，360 r/kW · h”的电度表，其参数含义是：单相电度表的额定电压为 220 V，工作频率为 50 Hz，额定电流为 10 A，允许使用的最大电流（额定最大电流）为 40 A，消耗每千瓦时的电功，电度表转动 360 转。则该电度表允许用电器的最大功率为 $P=UI=220\ \text{V}\times 40\ \text{A}=8\ 800\ \text{W}$。

4. 断路器的选择

断路器的额定工作电压应大于或等于被保护线路的额定电压，额定电流应大于或等于被保护线路的负载电流。例如，当家庭总用电量为 6 500 W 时，其负载电流 $I=P/U=6\ 500\ \text{W}/220\ \text{V}\approx 29.5\ \text{A}$。故总线路采用额定电流为 32 A 的带漏电保护器的低压断路器 C65N–C32，分线路采用额定电流为 16 A 的低压断路器 C65N–C16。

5. 熔断器的选择

熔断器的熔丝应根据用电容量的大小来选择，家用熔丝的容量一般为电度表容量的 1.2 ～ 2 倍。例如，若使用额定电流为 5 A 的电度表时，熔丝的额定电流应大于 6 A、小于 10 A；若使用额定电流为 10 A 的电度表时，熔丝的额定电流应大于 12 A、小于 20 A。

二、线路绝缘测试

1. 兆欧表

做线路的绝缘测试时，要使用兆欧表（摇表）。常用的兆欧表有普通 ZC 系列的兆欧表和带摇表功能的福禄克万用表，如图 6–3–1 所示。

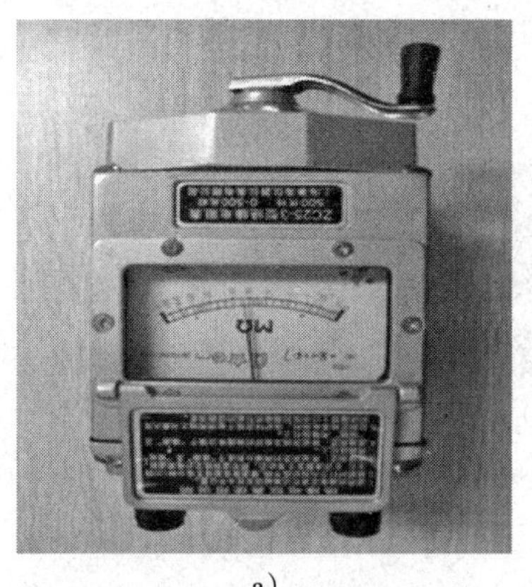

a）

b）

图 6–3–1 摇表（兆欧表）

a）机械摇表 b）带摇表功能的福禄克万用表

（1）兆欧表的结构

一般的兆欧表主要由手摇直流发电机、磁电系比率表以及测量线路组成。

（2）兆欧表的选用原则

兆欧表的选用原则，一是其额定电压一定要与被测电气设备或线路的工作电压相适应；二是兆欧表的测量范围要与被测绝缘电阻的范围相符合，以免引起大的读数误差。如果用额定电压在 500 V 以下的兆欧表测量高压设备的绝缘电阻，则测量结果不能正确反映其工作电压下的绝缘电阻。同样，也不能用额定电压过高的兆欧表测量低压设备的绝缘电阻，以免损坏其绝缘。

（3）兆欧表的接线

兆欧表有三个接线端钮，分别标有 L（线路）、E（接地）和 G（屏蔽），使用时应按测量对象的不同来选用。当测量电力设备对地的绝缘电阻时，应将 L 端接到被测设备上并将 E 端可靠接地。

（4）测量前的准备

使用兆欧表之前要先检查其是否完好。检查步骤：在兆欧表未接通被测电阻之前，摇动手柄使发电机达到 120 r/min 的额定转速，观察指针是否指在标度尺的“∞”位置，如图 6-3-2a 所示。然后再将 L 端和 E 端短接，缓慢摇动手柄，观察指针是否指在标度尺的“0”位置，如图 6-3-2b 所示。如果指针不能指在相应的位置，说明兆欧表有故障，必须检修后才能使用。使用兆欧表时的操作方法如图 6-3-2c 所示。

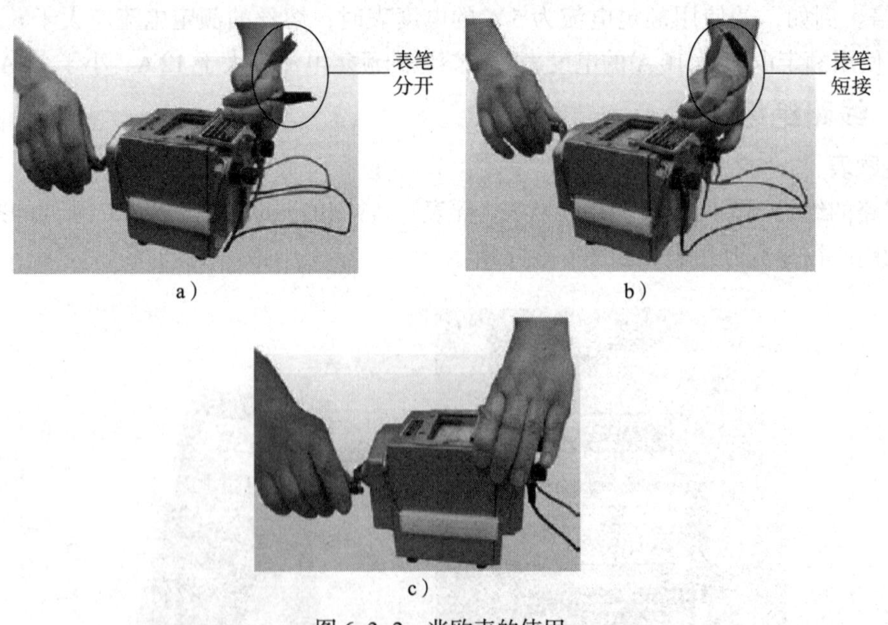

图 6-3-2　兆欧表的使用

a）兆欧表的开路试验　b）兆欧表的短路试验　c）使用兆欧表时的操作方法

（5）测量时的注意事项

1）测量过程中不得用手触及被测设备，同时还要防止外人触及。

2）禁止在雷电天气或有其他感应电产生时测量绝缘电阻。

2. 绝缘电阻的测试

用兆欧表对配电箱内的线路进行绝缘测试，主要包括进线电缆的绝缘测试、分配线路的绝缘测试和二次回路的绝缘测试。

（1）断开电缆两端的空气开关、照明开关和设备连接点等，以保证绝缘测试结果准确、无误。

（2）使用兆欧表对线路进行绝缘测试。

1）测试相线与相线之间的绝缘电阻，并做好记录。

2）测试相线与中性线之间的绝缘电阻，并做好记录。

3）测试相线与地线之间的绝缘电阻，并做好记录。

4）测试中性线与地线之间的绝缘电阻，并做好记录。

任务实施

一、主要工具、材料准备

工具清单见表 6–3–1，材料清单见表 6–3–2。

表 6–3–1　　工具清单

序号	名称	数量	备注
1	铅笔	1 支	
2	钢卷尺	1 把	
3	剥线钳	1 把	
4	压线钳	1 把	
5	剪刀	1 把	
6	扎带枪	1 把	
7	手电钻	1 个	带批头
8	旋具	2 个	小一字、中十字
9	工具包	1 个	
10	万用表	1 块	
11	兆欧表	1 块	根据实际情况选用

表 6–3–2　　材料清单

序号	名称	规格	数量
1	配电箱	—	1 个
2	空气开关	—	若干
3	端子排	—	若干
4	隔离挡板	—	若干

续表

序号	名称	规格	数量
5	端子排固定卡	—	若干
6	端子排标记条	—	若干
7	LOGO	—	1台
8	LOGO电源	—	1个
9	继电器（包括中间继电器、时间继电器、热继电器等）	—	若干
10	接触器	—	若干
11	变频器	—	1个
12	24 V指示灯	黄色、绿色、红色等	若干
13	按钮开关	—	若干
14	急停开关	—	若干
15	转换开关	—	若干
16	导线	黄色、绿色、红色等，1.0/1.5/2.5 mm^2	若干
17	行程开关	—	若干
18	扎带	—	若干

二、电气元件及配线的安装

1. 审题：仔细阅读题目，根据要求设计出电路布局图。

2. 选型：根据题目要求选择合适的电气元件。

3. 固定：先将配电箱等配件按要求固定，然后将空气开关、接触器、继电器等电气元件放入配盘，按一般要求进行固定。

4. 配盘接线：根据电路布局图进行接线。

5. 配盘安装：将配盘安装至配电箱内。

6. 箱门及外围元件安装：根据电路布局图安装箱门及外围元件（如按钮、指示灯、转换开关等）。

7. 箱门及外围接线：根据电路布局图进行接线。

8. 检查：电路连接完成之后，使用万用表检查接线是否正确，然后进行绝缘电阻测试。测试完成后填写绝缘测试报告（表 6–3–3）。

表 6–3–3　绝缘测试报告

<table>
<tr><td>配电箱名称</td><td colspan="2"></td><td>测试时间</td><td></td></tr>
<tr><td>项目</td><td>第一次</td><td colspan="2">第二次</td><td>第三次</td></tr>
<tr><td>相线与相线之间的绝缘电阻</td><td></td><td colspan="2"></td><td></td></tr>
</table>

续表

配电箱名称		测试时间	
项目	第一次	第二次	第三次
相线与中性线之间的绝缘电阻			
相线与地线之间的绝缘电阻			
中性线与地线之间的绝缘电阻			
设备外观	完好□ 损坏□	完好□ 损坏□	完好□ 损坏□

9. 通电测试：检查无误后进行通电检查。
10. 调试功能：根据任务要求进行功能调试（手动）或者编程调试（自动）。
11. 调试完毕：电路运行显示无误，调试结束。

任务测评

任务测评表见表 6-3-4。

表 6-3-4 任务测评表

序号	测评项目	标准	评分			备注
			自评	互评	师评	
1	电气元件选型（10 分）	根据题目要求选型				
2	电气元件固定（10 分）	安全、牢固，无松动				
3	终端接线（15 分）	安全、牢固，无漏铜				
4	箱内接线（25 分）	所有导线编扎整齐，无交叉。所有导线接入开关无弯曲且为垂直进入				
5	绝缘电阻测试（10 分）	测试正确，填写测试报告正确				
6	功能实现（30 分）	按照任务要求实现功能				
总分						

任务 4　配电箱的安装与测试

任务目标

1. 掌握配电箱的安装方法。
2. 掌握配电箱接地连续性测试方法。
3. 能正确进行配电箱的安装与测试。

任务要求

本任务要求学生结合实际情况，参考图纸（图 6-4-1 ～图 6-4-4）完成配电箱的安装与测试。

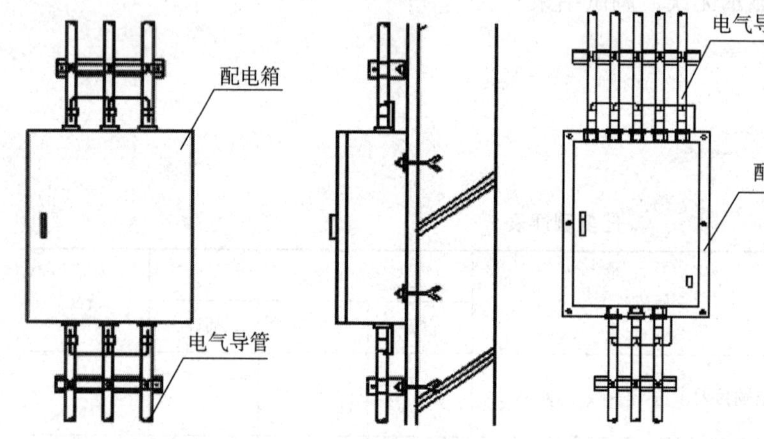

图 6-4-1　配电箱在墙上的安装示意图

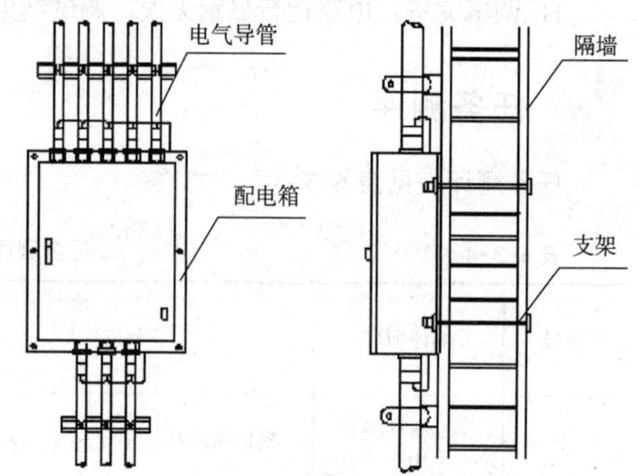

图 6-4-2　配电箱在隔墙上的安装示意图

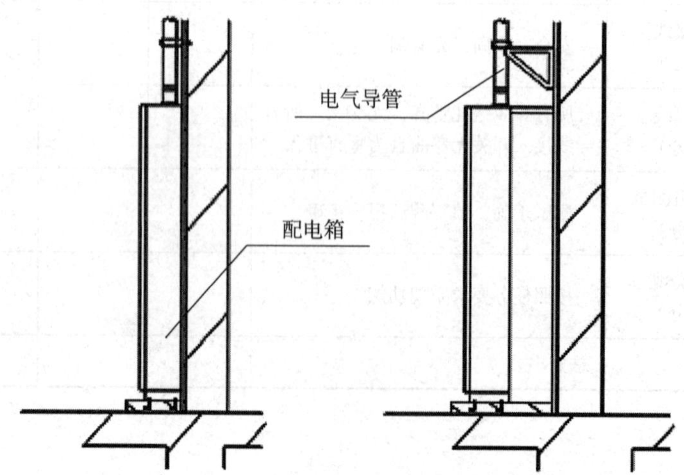

图 6-4-3　落地配电箱的安装示意图

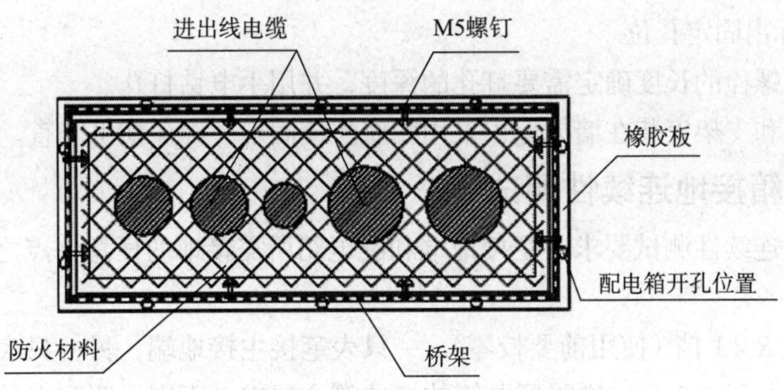

图 6-4-4 配电箱进出电缆处的开孔示意图

任务实施

一、主要工具、材料准备

工具清单见表 6-4-1，材料清单见表 6-4-2。

表 6-4-1 **工具清单**

序号	名称	数量	备注
1	铅笔	1 支	
2	钢卷尺	1 把	
3	钢直尺	1 把	
4	冲击钻	1 个	带批头
5	手电钻	1 个	带批头
6	旋具	2 个	中一字、中十字
7	尖嘴钳	1 把	
8	活扳手	1 把	
9	羊角锤	1 把	
10	工具包	1 个	
11	万用表	1 块	

表 6-4-2 **材料清单**

序号	名称	规格	数量
1	配电箱	—	若干
2	膨胀螺栓、螺钉等	—	若干
3	支架	—	若干

二、配电箱的安装

1. 根据施工图标示，加工或准备好支架、配电箱等。

2. 使用画线工具按照图纸画出正确的水平线或垂直线，确定好配电箱的安装位置（或者开孔的位置)，标出固定孔位。

3. 根据膨胀螺栓的长度确定需要打孔的深度，并用手电钻打孔。

4. 将配电箱和支架安装在墙体上，采用膨胀螺栓固定，确保横平竖直。

三、配电箱接地连续性测试

配电箱接地连续性测试要求：主接地端和配电箱所需接地的任意一点之间的电阻不能超过 0.5 Ω。

使用万用表 $R\times1$ 挡（使用前要校零），一只表笔接主接地端，另一只表笔接配电箱的接地端，如果电阻小于 0.5 Ω，说明配电箱的接地符合要求，否则说明配电箱的接地不符合要求。测试完成后填写配电箱接地连续性测试报告（表 6–4–3）。

表 6–4–3　　配电箱接地连续性测试报告

配电箱名称		测试时间	
项目	第一次	第二次	第三次
接地连续性电阻			
设备外观	完好□　损坏□	完好□　损坏□	完好□　损坏□

任务测评

任务测评表见表 6–4–4。

表 6–4–4　　任务测评表

序号	测评项目	标准	评分			备注
			自评	互评	师评	
1	安装尺寸（25 分）	符合任务书要求				
2	安装水平度（20 分）	符合任务书要求				
3	配电箱固定（20 分）	安全、牢固，无松动				
4	配电箱外观（15 分）	干净、美观，无损坏				
5	接地连续性测试（20 分）	接地可靠（接地连续性电阻小于 0.5 Ω），填写测试报告正确				
总分						

操作视频

动力电路安装

项目七　室内照明电路的安装与测试

任务 1　白炽灯照明电路的安装与测试

任务目标

1. 熟悉白炽灯的结构和发光原理。
2. 熟悉灯座、照明开关和插座的常见类型。
3. 能正确进行白炽灯照明电路的安装与测试。

任务要求

本任务要求学生根据图纸（图 7-1-1、图 7-1-2）完成白炽灯照明电路的安装与测试。

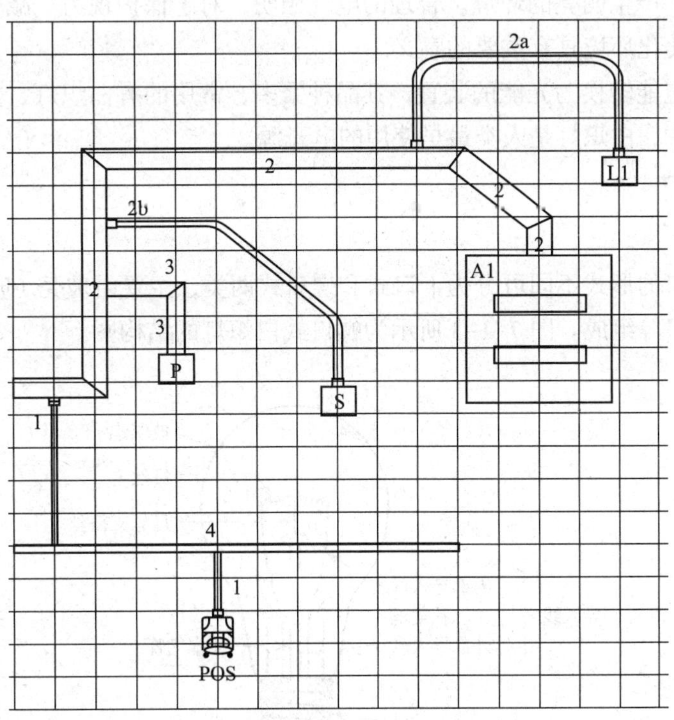

图 7-1-1　照明布局施工图

1—电缆　2—60 mm × 40 mm PVC 线槽　3—40 mm × 20 mm PVC 线槽　4—网格式金属桥架
2a—ϕ16 mm PVC 线管　2b—ϕ20 mm PVC 线管
A1—照明配电箱　L1—白炽灯　P—插座　S—开关　POS—电源插座

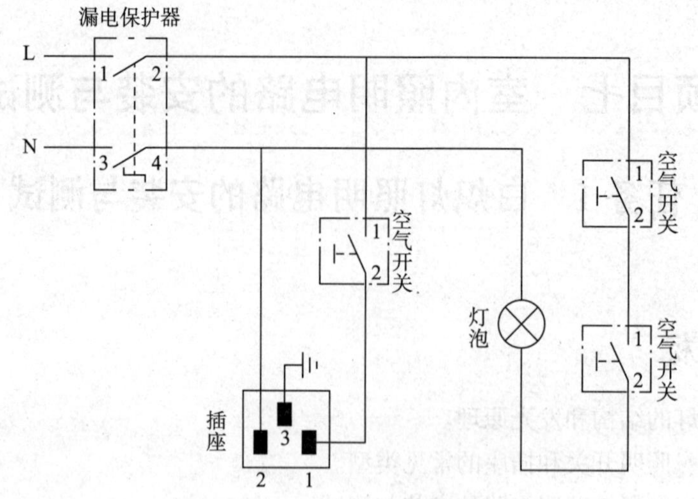

图 7-1-2　白炽灯照明电路原理图

相关知识

人类在生产和生活中离不开电光源。照明灯具可以将电能转换为光能，可在夜间和天然采光不足的情况下产生明亮的环境。合理的电气照明，对于保护视力、减少事故、提高工作效率以及装饰、美化环境具有重要的意义。

照明灯是将电能转换为光能的装置，其品种繁多，常用的有白炽灯、荧光灯、高压汞灯和卤钨灯等。其中，白炽灯是人类最早使用的电光源。

一、白炽灯

1. 结构

白炽灯按灯口的形式不同可分为卡口式和螺口式两类，主要由玻壳（玻璃泡）、灯丝、导入线、芯柱、灯口等组成。图 7-1-3 所示为螺口式白炽灯的结构图。

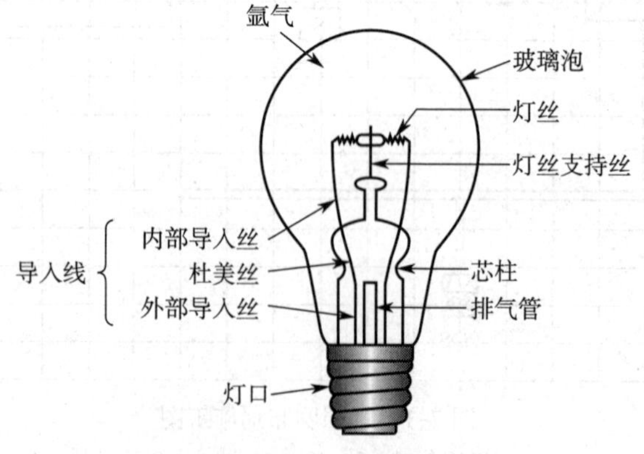

图 7-1-3　螺口式白炽灯的结构图

（1）玻壳

玻壳一般做成圆球形，其制作材料是耐热玻璃，内部充入氩气，它使灯丝和空气隔离。

玻壳既能透光，又能起保护作用。白炽灯工作时，玻壳的温度最高可达 100 ℃左右。

（2）灯丝

灯丝是用比头发丝还细得多的钨丝做成螺旋形。灯丝看起来很短，其实把这种极细的螺旋形的钨丝拉成一条直线，其长度有 1 m 左右。

在通电情况下，当钨丝温度升高到 2 000 ℃以上时，其和氧气易发生化学反应，钨丝很快被烧断，同时生成一种黄白色的三氧化钨，附着在玻壳内壁和灯内部件上，影响光照。因此，一般在玻壳内充入惰性气体氩气。

（3）导入线

导入线由内部导入丝、杜美丝和外部导入丝三部分组成。内部导入丝用于导电和固定灯丝，用铜丝或镀镍铁丝制成；中间一段很短的红色金属丝是杜美丝，要求它同芯柱密切结合而不漏气；外部导入丝是铜丝，用于连接灯口以通电。

（4）芯柱

芯柱是一个喇叭形的玻璃零件，它连着玻壳，起固定金属部件的作用。其内的排气管用于抽走玻壳里的空气。

（5）灯口

灯口是连接灯座和接通电源的金属件，用焊泥把它同玻壳黏结在一起。

2. 发光原理

白炽灯属于热辐射型电光源。当对灯丝施加规定的电压后，电流将流过灯丝，灯丝有一定的电阻，可将电能变成热能，热能将灯丝加热至白炽程度而发光。

按照不同的工作电压，白炽灯有 6 V、12 V、24 V、36 V、110 V 和 220 V 等规格，36 V 以下的白炽灯属于低压安全灯泡。在安装白炽灯时，要注意其工作电压必须与线路电压保持一致。

二、灯座

灯座是保持灯的位置和使灯与电源相连接的器件。灯座按安装方式可分为螺口式灯座和卡口式灯座两类（图 7–1–4），按材料可分为电木灯座、塑料灯座、金属灯座、陶瓷灯座等。一般来讲，卡口式灯座是用电木制造的，适合装小功率灯泡；螺口式灯座有电木和陶瓷两种，其中陶瓷灯座主要用于较大功率的灯泡。螺口式灯座接线时，为确保安全，一定要将相线接在中心抽头上。高压汞灯应使用瓷质螺口式灯座。

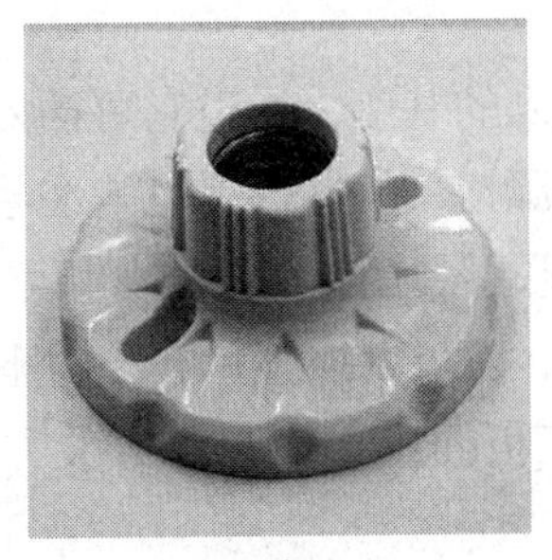

a）

b）

图 7–1–4 灯座

a）螺口式灯座 b）卡口式灯座

三、照明开关

照明开关是照明电路中必不可少的器件，是为家庭、办公室、公共娱乐场所等设计的用来隔离电源或按规定能在电路中接通、断开电流或改变电路接法的装置。

常用的照明开关见表 7-1-1。

表 7-1-1　常用的照明开关

序号	名称	图示	说明
1	双联开关	 	86 型，二开双控
2	单联开关		86 型，一开一控
		 	86 型，一开双控
3	中途开关	 	86 型，一开多控

四、插座

插座是指有一个或一个以上电路接线可插入的基座，通过它可插入各种接线，以便于与其他电路接通。电源插座是为家用电器提供电源接口的器件，也是住宅电气设计中使用较多的电气附件，它与人们的生活有着十分密切的联系。插座的分类如下。

1. 按形状分：二极扁圆插座、三极扁插座、三极方插座、五孔插座等。

2. 按负载分：10 A 二极扁圆插座、16 A 三极插座、13 A 带开关方插座、16 A 带开关三极插座等。

3. 按强、弱电分：强电插座、弱电插座。强弱电是以人体的安全电压来区分的，36 V 以上的电压称为强电电压，36 V 以下的电压称为弱电电压。电话插座、计算机插座、网络数据插座属于弱电插座。

4. 按安装底盒分：明装和暗装，材料有金属和塑料两种。

5. 按底盒的深度分：一般有 35 mm、40 mm、50 mm 等规格。

常见的插座如图 7-1-5 所示。

a）

b）

c）

d）

图 7-1-5　常见的插座

a）10 A 普通插座　b）10 A 带开关的普通插座　c）16 A 空调插座　d）16 A 带开关的空调插座

任务实施

一、主要工具、材料准备

工具清单见表 7-1-2，材料清单见表 7-1-3。

表 7-1-2　　工具清单

序号	名称	数量	备注
1	铅笔	1 支	
2	钢卷尺	1 把	
3	量角器	1 把	
4	手工锯	1 把	
5	PVC 线管切管器	1 个	
6	钢筋剪	1 把	
7	砂纸架	1 个	
8	陶瓷刮刀	1 把	
9	工具袋	1 个	
10	旋具	3 个	电动（带批头）、中十字、小一字各 1 个
11	剥线钳	1 把	
12	压线钳	1 把	
13	斜口钳	1 把	
14	剪刀	1 把	
15	尖嘴钳	1 把	
16	活扳手	1 把	
17	万用表	1 块	

表 7-1-3 材料清单

序号	名称	规格	数量
1	PVC 线管	ϕ20 mm、ϕ16 mm	若干
2	PVC 线管杯梳	ϕ20 mm、ϕ16 mm	若干
3	PVC 线槽	40 mm × 20 mm、60 mm × 40 mm	若干
4	网格式金属桥架	100 mm × 50 mm	若干
5	明盒	86 型	若干
6	面板开关	单控	若干
7	插座	10 A	1 个
8	空气开关	C20、C10、C6	各 1 个
9	电源插座	—	1 个
10	导线	红色、蓝色、黄 / 绿双色等，1.5/2.5 mm^2	若干
11	接线端子	灰色、蓝色、黄 / 绿双色	若干
12	固定端	—	若干
13	挡板	—	若干
14	照明配电箱（含漏电保护器）	—	1 个
15	白炽灯（含灯座）	—	1 个

二、电路安装与测试

1. 读图，分析图纸，明确各元件的安装位置以及导线的敷设路径等。

2. 在墙体上将所有的固定点打好安装孔。

3. 对 PVC 线管、线槽等下料，然后进行加工，工艺符合施工图中的要求。

4. 安装照明配电箱、电源插座、白炽灯灯座、面板开关、线槽等。

5. 将面板开关、电源插座、白炽灯灯座均预留两根导线，然后分别穿入已加工成形的 PVC 线管中。

6. 用相应的 PVC 线管杯梳将 PVC 线管和面板开关、电源插座、白炽灯灯座连接起来，然后用管卡将 PVC 线管按照安装规范进行固定。

7. 在照明配电箱内的安装板上进行盘面布置，安装空气开关、接线端子等。

8. 根据图纸敷设导线。

9. 将白炽灯安装在灯座上，给照明配电箱和插座外壳上盖，完成安装。

10. 通电前进行电路检查，无误后进行通电测试，白炽灯应点亮。

11. 按照车间 5S 标准，对安装区域进行整理、整顿、清洁、清扫等相关工作。

任务测评

任务测评表见表 7–1–4。

表 7–1–4　任务测评表

序号	测评项目	标准	评分			备注
			自评	互评	师评	
1	学习态度（10 分）	积极参加团队学习和讨论，按时完成各项学习任务				
2	团队合作（15 分）	团队合作意识强，善于与人交流和沟通				
3	照明配电箱内配线（30 分）	所有导线编扎整齐，无交叉。所有导线接入开关无弯曲且为垂直进入				
4	终端接线（20 分）	正确、牢固，无漏铜				
5	整体安装（15 分）	安全、牢固、美观				
6	通电测试（10 分）	白炽灯正常发光				
总分						

任务 2　荧光灯照明电路的安装与测试

任务目标

1. 熟悉荧光灯的结构及各部分的功能。
2. 掌握荧光灯的工作原理。
3. 能正确进行荧光灯照明电路的安装与测试。

任务要求

本任务要求学生根据图纸（图 7–2–1、图 7–2–2）完成荧光灯照明电路的安装与测试。

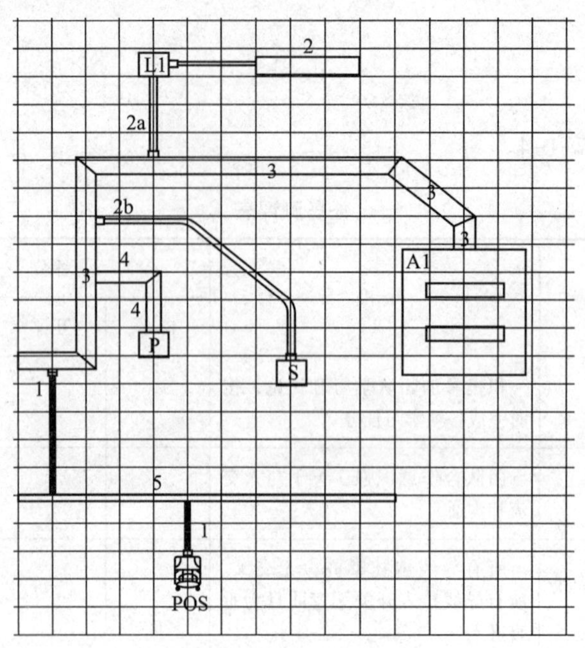

图 7-2-1　照明布局施工图

1—电缆　2—荧光灯　3—60 mm × 40 mm PVC 线槽　4—40 mm × 20 mm PVC 线槽
5—网格式金属桥架　2a—ϕ16 mm PVC 线管　2b—ϕ20 mm PVC 线管
A1—照明配电箱　L1—明盒　P—插座　S—开关　POS—电源插座

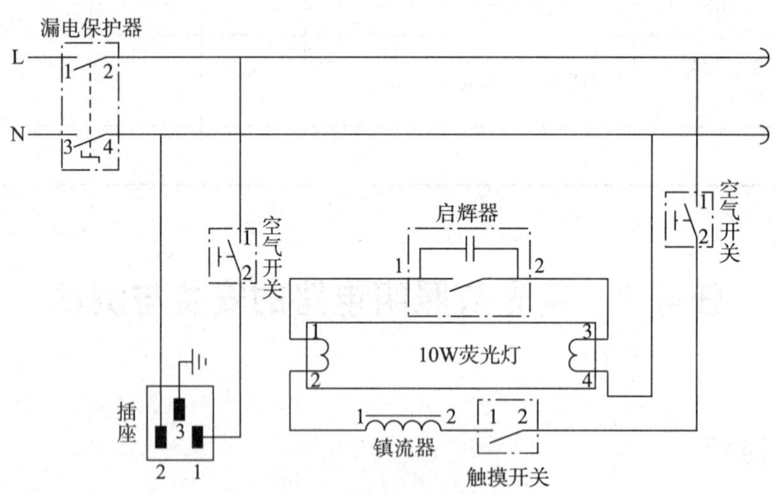

图 7-2-2　荧光灯照明电路原理图

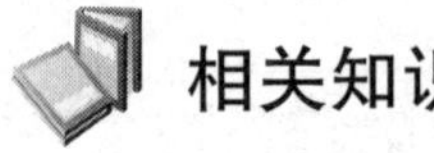

相关知识

一、荧光灯的结构及各部分的功能

因为荧光灯发出的光比白炽灯更接近自然光，故常称之为日光灯，它是应用最广的气体放电型光源。目前我国生产的荧光灯主要有普通荧光灯和三基色荧光灯两种。

荧光灯主要由灯管、镇流器、启辉器、灯座和灯架组成。

1. 灯管

灯管（图 7-2-3）由灯头、灯丝、灯脚和玻璃管等构成。灯管长 15 ～ 40.5 mm，两端各装有一根由钨丝绕成的灯丝，其表面涂有氧化钡。灯丝烧热后易发射电子。灯丝两端接在灯脚上，灯脚用于与外电路相接。灯管内涂有荧光粉，并充有少量汞气和氩气，氩气有帮助灯管点燃并保护灯丝、延长灯管使用寿命的作用。

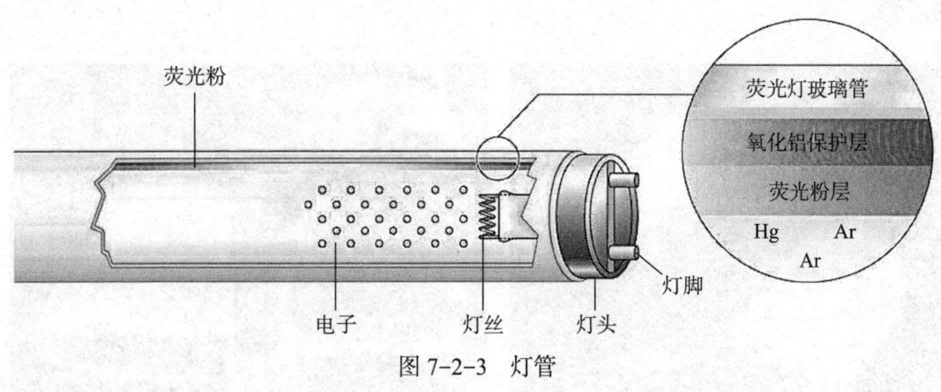

图 7-2-3 灯管

2. 镇流器

镇流器（图 7-2-4）主要由硅钢片铁芯及绕在铁芯上的电感线圈构成，其作用是在荧光灯启动时限制预热电流，并在启辉器配合下产生瞬时 600 V 以上的高电压，促使灯管放电；在工作时限制流过灯管的电流，起镇流作用。

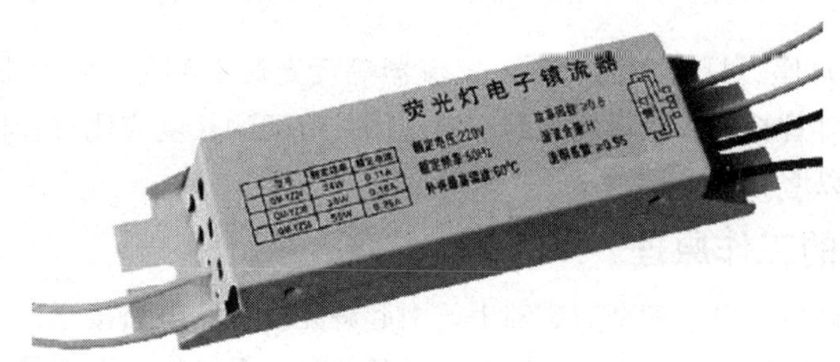

图 7-2-4 镇流器

注意，灯管必须和镇流器配套，即灯管的功率必须与镇流器的标称功率相同。

3. 启辉器

启辉器（图 7-2-5）又名跳泡，由氖泡、纸介电容、引线脚和铝质或塑料外壳组成。氖泡内有一个由固定的静止触片和双金属片制成的倒 U 形触片。双金属片由两种膨胀系数差别很大的金属薄片黏合而成。

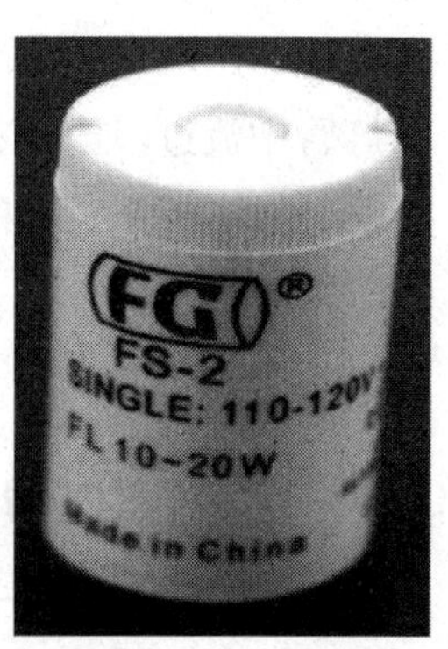

图 7-2-5 启辉器

纸介电容容量为 5 000 pF 左右，其作用如下。

（1）与镇流器线圈组成 LC 振荡回路，能延长灯丝的预热时间和维持脉冲放电电压。

（2）吸收干扰杂波信号。如果纸介电容被击穿，将其去掉后灯管仍可正常发光，但不能吸收干扰杂波信号。

4. 灯座

按结构形式，灯座有弹簧式灯座和旋转式灯座两种，如图 7-2-6 所示。按大小，灯座有大型灯座和小型灯座等，大型灯座适用于 15 W 以上的灯管，小型灯座适用于 6 W、8 W 和 12 W 的灯管。

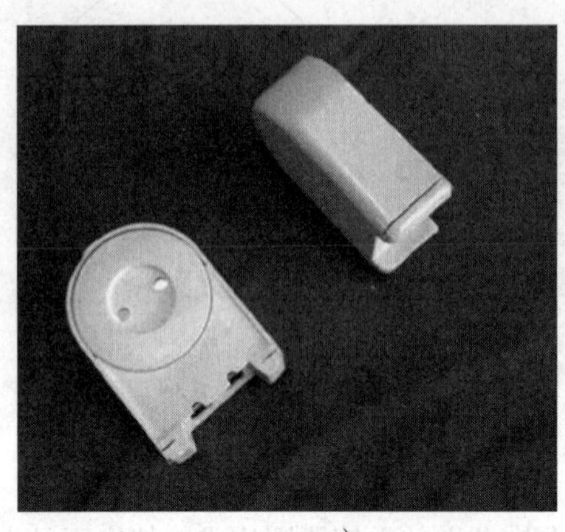

a）

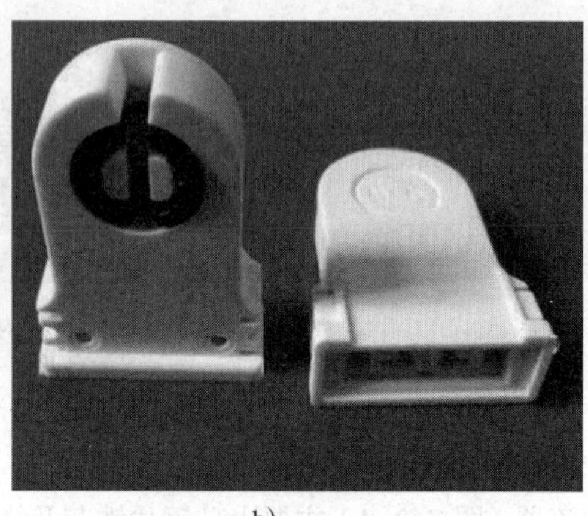

b）

图 7-2-6　灯座

a）弹簧式灯座　b）旋转式灯座

5. 灯架

灯架用来装置灯座、灯管、启辉器、镇流器等荧光灯零部件，有木制、铁制和铝皮制等，其规格应配合灯管长度、数量和光照方向选用。灯架的长度应比灯管稍长，反光面应涂白色或银色油漆，以增加光线反射。

二、荧光灯的工作原理

当电路接通电源后，电压加在启辉器上，引起辉光放电，电路接通，灯丝被预热到很高的温度（900 ℃）并发射电子，使灯丝附近的氩气游离，汞气化。启辉器中双金属片与静止触片接触后，辉光放电停止，双金属片冷却，离开静止触片恢复原状。在触片断开的瞬间，在镇流器两端产生一个很高的感应电压，该电压与电源电压一起加在灯管两端，使大量电子从灯管中流过。电子在运动过程中冲击管内的气体，发出紫外线，紫外线激发灯管内壁的荧光粉，发出类似荧光的可见光。

任务实施

一、主要工具、材料准备

工具清单见表 7-2-1，材料清单见表 7-2-2。

表 7-2-1 工具清单

序号	名称	数量	备注
1	铅笔	1 支	
2	钢卷尺	1 把	
3	量角器	1 把	
4	手工锯	1 把	
5	PVC 线管切管器	1 个	
6	钢筋剪	1 把	
7	砂纸架	1 个	
8	陶瓷刮刀	1 把	
9	旋具	3 个	中一字、中十字、电动（带批头）各 1 个
10	剥线钳	1 把	
11	压线钳	1 把	
12	斜口钳	1 把	
13	剪刀	1 把	
14	尖嘴钳	1 把	
15	活扳手	1 把	
16	万用表	1 块	
17	工具袋	1 个	

表 7-2-2 材料清单

序号	名称	规格	数量
1	PVC 线管	ϕ20 mm、ϕ16 mm	若干
2	PVC 线管杯梳	ϕ20 mm、ϕ16 mm	若干
3	PVC 线槽	60 mm × 40 mm、40 mm × 20 mm	若干
4	网格式金属桥架	100 mm × 50 mm	若干
5	明盒	86 型	若干
6	面板开关	单控	若干
7	荧光灯	—	1 个
8	启辉器	—	1 个
9	镇流器	—	1 个
10	插座	10 A	1 个
11	空气开关	C10、C6	各 1 个
12	电源插座	—	1 个

续表

序号	名称	规格	数量
13	导线	红色、蓝色、黄 / 绿双色等，1.5/2.5 mm^2	若干
14	接线端子	灰色、蓝色、黄 / 绿双色	若干
15	管卡	—	若干
16	挡板	—	若干
17	照明配电箱（含漏电保护器）	—	1个
18	触摸开关	—	1个

二、电路安装与测试

1. 读图，分析图纸，明确各元件的安装位置以及导线的敷设路径等。

2. 在墙体上将所有的固定点打好安装孔。

3. 对 PVC 线管、线槽等下料，然后进行加工，工艺符合施工图中的要求。

4. 安装照明配电箱、电源插座、荧光灯灯座、面板开关、线槽等。

5. 将面板开关、电源插座、荧光灯灯座均预留两根导线，然后分别穿入已加工成形的 PVC 线管中。

6. 用相应的 PVC 线管杯梳将 PVC 线管和面板开关、电源插座、荧光灯灯座连接起来，然后用管卡将 PVC 线管按照安装规范进行固定。

7. 对照明配电箱内的安装板进行盘面布置，安装空气开关、接线端子等。

8. 根据图纸敷设导线。

9. 将荧光灯安装在灯座上，给照明配电箱和插座外壳上盖，完成安装。

10. 通电前进行电路检查，无误后进行通电测试，荧光灯应点亮。

11. 按照车间 5S 标准，对安装区域进行整理、整顿、清洁、清扫等相关工作。

任务测评

任务测评参考表 7–1–4。

任务 3　双控照明电路的安装与测试

任务目标

1. 掌握双控照明电路的工作原理。

2. 能正确进行双控照明电路的安装与测试。

任务要求

本任务要求学生根据图纸（图 7-3-1、图 7-3-2）完成双控照明电路的安装与测试。

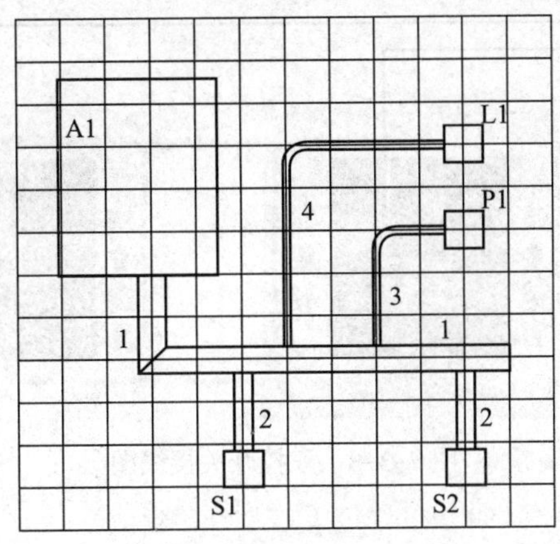

图 7-3-1　照明布局施工图

1—60 mm × 40 mm PVC 线槽　2—40 mm × 20 mm PVC 线槽　3—ϕ16 mm PVC 线管　4—ϕ20 mm PVC 线管
A1—照明配电箱　L1—明盒　P1—插座　S1、S2—开关

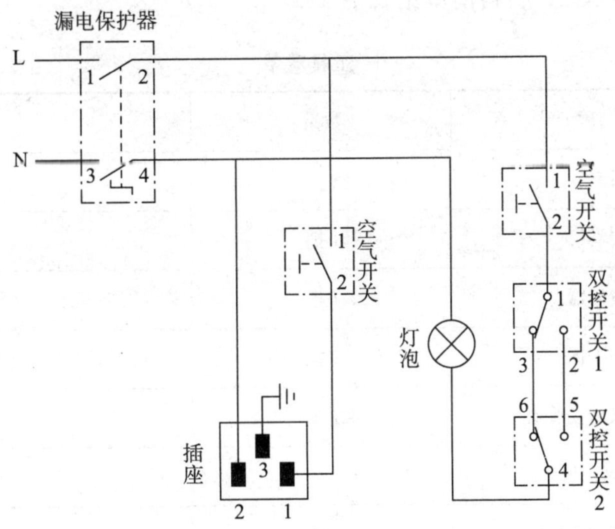

图 7-3-2　双控照明电路原理图

相关知识

双控照明电路工作原理分析：

双控照明电路实际上就是两个开关控制一个灯泡，如图 7-3-2 所示，合上总空气开关和照明支路空气开关，按下双控开关 1，其触点 1 和 3 接通（此时双控开关 2 的触点 4 和 6 接通），灯泡得电发光；按下双控开关 2，其触点 4 和 6 断开，触点 4 和 5 接通，灯泡失电

熄灭；再按下双控开关 1，其触点 1 和 2 接通，灯泡得电发光。双控开关接线图如图 7–3–3 所示。

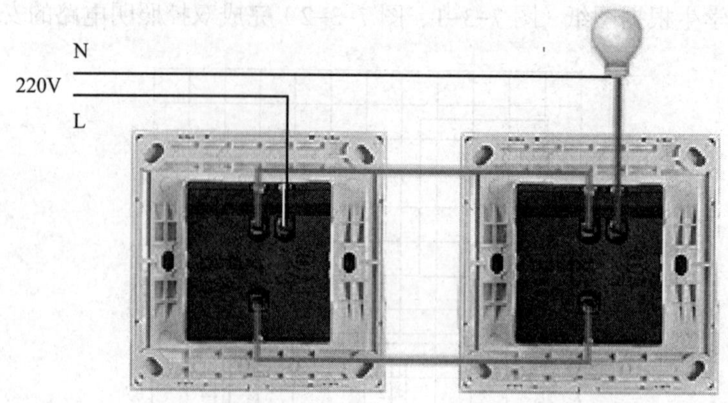

图 7–3–3 双控开关接线图

任务实施

一、主要工具、材料准备

工具清单见表 7–3–1，材料清单见表 7–3–2。

表 7–3–1 **工具清单**

序号	名称	数量	备注
1	铅笔	1 支	
2	钢卷尺	1 把	
3	量角器	1 把	
4	手工锯	1 把	
5	PVC 线管切管器	1 个	
6	砂纸架	1 个	
7	陶瓷刮刀	1 把	
8	工具袋	1 个	
9	旋具	3 个	电动（带批头）、中十字、小一字各 1 个
10	剥线钳	1 把	
11	压线钳	1 把	
12	斜口钳	1 把	

续表

序号	名称	数量	备注
13	剪刀	1 把	
14	尖嘴钳	1 把	
15	活扳手	1 把	
16	万用表	1 块	

表 7-3-2 **材料清单**

序号	名称	规格	数量
1	PVC 线管	ϕ20 mm、ϕ16 mm	若干
2	PVC 线管杯梳	ϕ20 mm、ϕ16 mm	若干
3	PVC 线槽	40 mm × 20 mm、60 mm × 40 mm	若干
4	明盒	86 型	若干
5	面板开关	单控	若干
6	插座	10 A	1 个
7	空气开关	C20、C10	各 1 个
8	电源插座	—	1 个
9	导线	红色、蓝色、黄 / 绿双色等，1.5/2.5 mm^2	若干
10	接线端子	灰色、蓝色、黄 / 绿双色	若干
11	固定端	—	若干
12	挡板	—	若干
13	照明配电箱（含漏电保护器）	—	1 个
14	白炽灯（含灯座）	—	1 个

二、操作步骤

操作步骤参考白炽灯照明电路。

任务测评

任务测评参考表 7-1-4。

操作视频

照明电路安装与测试（双控）

任务 4　数码分段开关控制照明电路的安装与测试

任务目标

1. 熟悉数码分段开关的作用及常见类型。
2. 熟悉数码分段开关的接线方式。
3. 能正确进行数码分段开关控制照明电路的安装与测试。

任务要求

本任务要求学生根据图纸（图 7-4-1、图 7-4-2）完成数码分段开关控制照明电路的安装与测试。

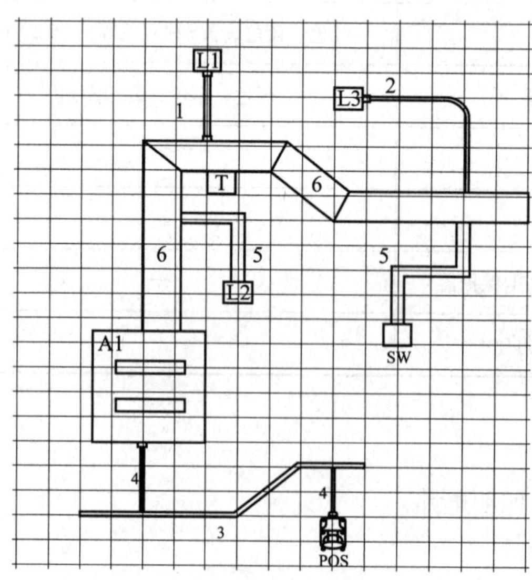

图 7-4-1　照明布局施工图

1—ϕ20 mm PVC 线管　2—ϕ16 mm PVC 线管　3—网格式金属桥架
4—电缆　5—40 mm × 20 mm PVC 线槽　6—120 mm × 50 mm PVC 线槽
A1—照明配电箱　L1/L2/L3—白炽灯　POS—电源插座　SW—开关　T—数码分段开关盒

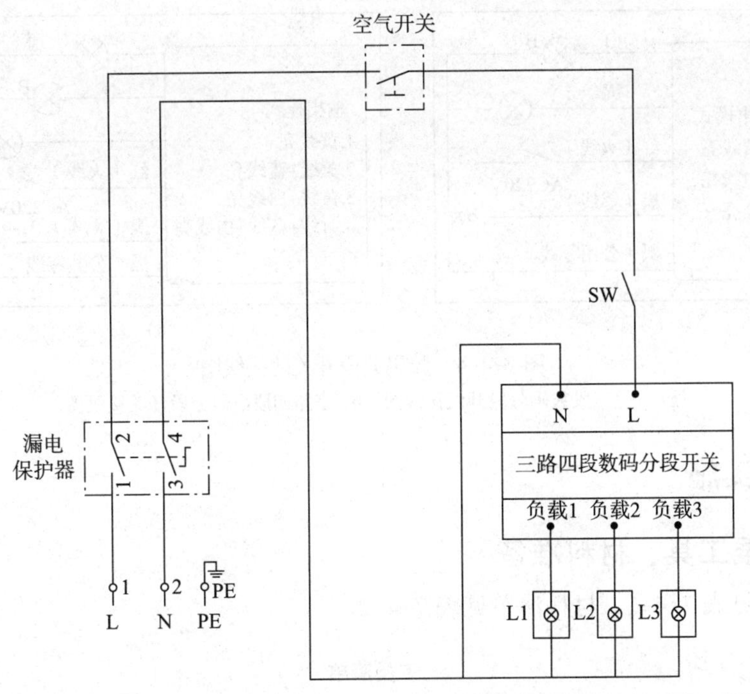

图 7-4-2 数码分段开关控制照明电路原理图

相关知识

数码分段开关是一种节能电子产品，主要有二路三段数码分段开关和三路四段数码分段开关两类，如图 7-4-3 所示。数码分段开关广泛应用于白炽灯、荧光灯和节能灯照明电路中。通过用数码分段开关控制灯泡，能产生不同的灯光效果。

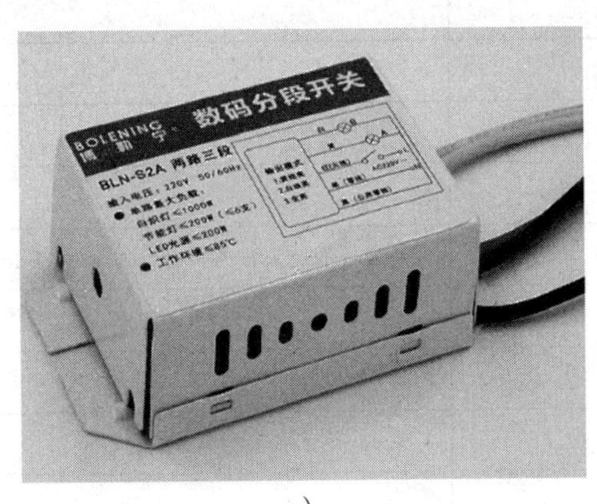

a)

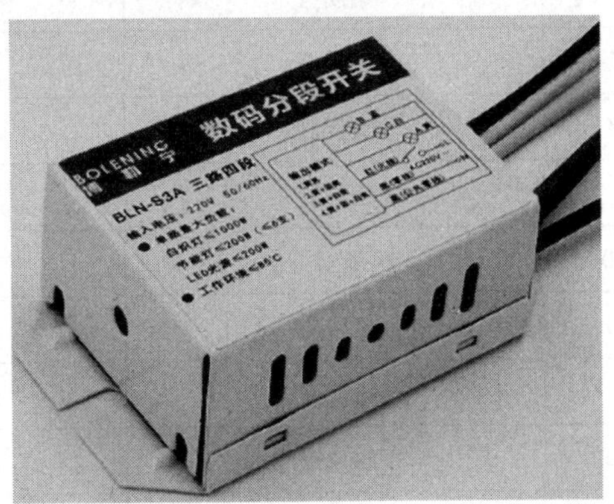

b)

图 7-4-3 数码分段开关

a）二路三段数码分段开关 b）三路四段数码分段开关

图 7-4-4 所示为数码分段开关的接线图。

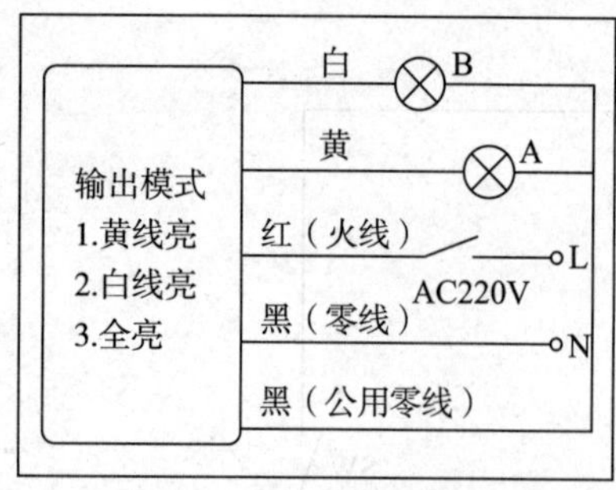

a）

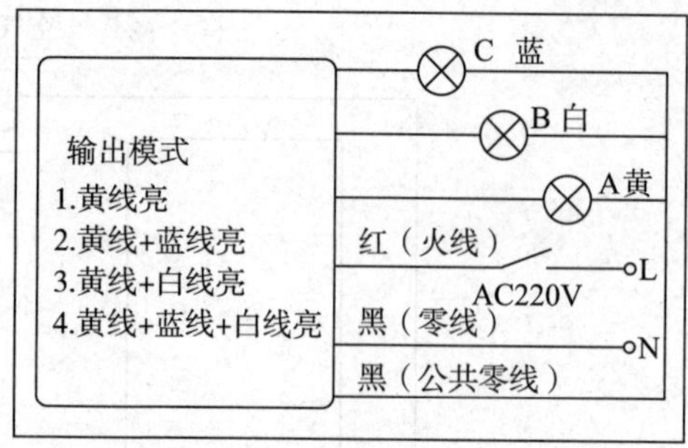

b）

图 7-4-4　数码分段开关的接线图

a）二路三段数码分段开关接线图　b）三路四段数码分段开关接线图

任务实施

一、主要工具、材料准备

工具清单见表 7-4-1，材料清单见表 7-4-2。

表 7-4-1　　工具清单

序号	名称	数量	备注
1	铅笔	1 支	
2	钢卷尺	1 把	
3	量角器	1 把	
4	手工锯	1 把	
5	PVC 线管切管器	1 个	
6	钢筋剪	1 把	
7	砂纸架	1 个	
8	陶瓷刮刀	1 把	
9	工具袋	1 个	
10	旋具	3 个	电动（带批头）、中十字、小一字各 1 个
11	剥线钳	1 把	
12	压线钳	1 把	
13	斜口钳	1 把	
14	剪刀	1 把	
15	尖嘴钳	1 把	
16	活扳手	1 把	
17	万用表	1 块	

表 7-4-2 材料清单

序号	名称	规格	数量
1	PVC 线管	ϕ20 mm、ϕ16 mm	若干
2	PVC 线管杯梳	ϕ20 mm、ϕ16 mm	若干
3	PVC 线槽	40 mm × 20 mm、120 mm × 50 mm	若干
4	网格式金属桥架	100 mm × 50 mm	若干
5	明盒	86 型	若干
6	面板开关	单控	若干
7	数码分段开关	三路四段	1 个
8	插座	10 A	1 个
9	空气开关	C20	1 个
10	电源插座	—	1 个
11	导线	红色、蓝色、黄 / 绿双色等，1.5/2.5 mm^2	若干
12	接线端子	灰色、蓝色、黄 / 绿双色	若干
13	固定端	—	若干
14	挡板	—	若干
15	照明配电箱（含漏电保护器）	—	1 个
16	白炽灯（含灯座）	—	3 个

二、电路的安装与测试

1. 读图，分析图纸，明确各元件的安装位置以及导线的敷设路径等。

2. 在墙体上将所有的固定点打好安装孔。

3. 对 PVC 线管、线槽等下料，然后进行加工，工艺符合施工图中的要求。

4. 根据施工图按尺寸安装空白明盒（用于放面板开关和数码分段开关）。

5. 安装照明配电箱、电源插座、白炽灯灯座、面板开关、线槽等。

6. 选取三个白炽灯的任意一端相互连接后用于连接电源接头，其引出线穿入加工成形的 PVC 线管，引入空白明盒（数码分段开关盒）；三个白炽灯各自另一端的引出线也分别穿入加工成形的 PVC 线管，引入空白明盒。

7. 照明配电箱内空气开关引出线的相线穿入加工成形的 PVC 线管，引入 SW 开关盒，连接开关的进线端。开关的出线端用导线穿入加工成形的 PVC 线管，引入空白明盒。漏电保护器的中性线穿入加工成形的 PVC 线管，也引入空白明盒。

8. 根据三路四段数码分段开关的接线图，把之前引入空白明盒的所有导线连接起来。

9. 根据图纸敷设剩下的导线。

10. 将白炽灯安装在灯座上，给照明配电箱和插座外壳上盖，完成安装。

11. 通电前进行电路检查，无误后进行通电测试，白炽灯应点亮。

12. 按照车间 5S 标准，对安装区域进行整理、整顿、清洁、清扫等相关工作。

任务测评

任务测评参考表 7–1–4。

操作视频

照明电路安装与测试（数码分段开关）

项目八　典型控制电路的安装与调试

任务 1　三相异步电动机点动控制线路的安装与调试

任务目标

1. 掌握三相异步电动机点动控制线路的工作原理。
2. 熟悉故障检修的一般步骤和方法。
3. 能进行三相异步电动机点动控制线路的安装与调试。

任务要求

本任务要求学生根据图纸（图 8-1-1）完成三相异步电动机点动控制线路的安装与调试。

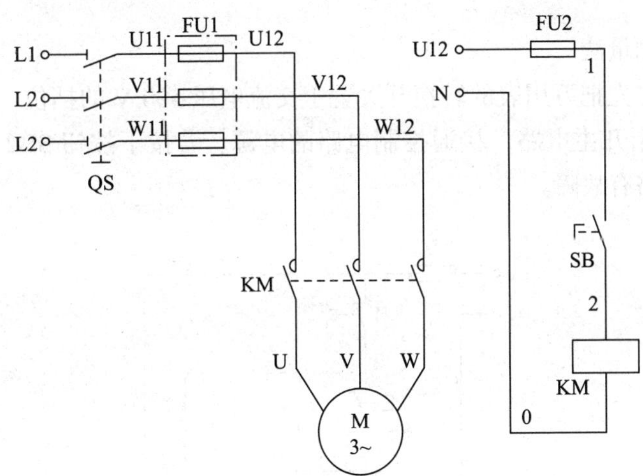

图 8-1-1　三相异步电动机点动控制线路原理图

相关知识

一、电路工作原理

图 8-1-1 所示的三相异步电动机点动控制线路是采用接触器控制的点动线路。所谓点动，就是指按下按钮，电动机得电运转；松开按钮，电动机失电停转。

电路工作原理如下。

首先合上电源开关 QS。

启动：按下按钮 SB → KM 线圈得电→ KM 主触头闭合→电动机 M 启动运行。

停止：松开按钮 SB → KM 线圈失电→ KM 主触头分断→电动机 M 失电停止运行。

长时间不使用时，应断开电源开关 QS。

这种线路常用于快速移动和简单起重设备中。

二、故障检修的一般步骤和方法

1. 用试验法观察故障现象，初步确定故障范围

试验法是在不扩大故障范围、不损坏电气设备和机械设备的前提下，对线路进行通电试验。通过观察电气设备和电气元件的动作，看其是否正常，各控制环节的动作程序是否符合要求，找出故障发生部位或回路。

2. 用逻辑分析法缩小故障范围

逻辑分析法是根据电气控制线路的工作原理、控制环节的动作程序以及它们之间的联系，结合故障现象做具体的分析，迅速地缩小故障范围，从而判断出故障所在。这种方法是一种以准为前提、以快为目的的检查方法，特别适用于对复杂线路的故障检查。

3. 用测量法确定故障点

测量法是利用电工工具和仪表（如验电笔、万用表、钳形电流表、兆欧表等）对线路进行带电或断电测量，是查找故障点的有效方法。下面分别介绍电压分阶测量法和电阻分阶测量法。

（1）电压分阶测量法

测量检查时，首先把万用表的转换开关置于交流电压 500 V 的挡位，然后按图 8-1-2 所示方法进行测量。断开主电路，接通控制电路的电源。若按下按钮 SB2 时，接触器 KM 不吸合，说明控制电路有故障。

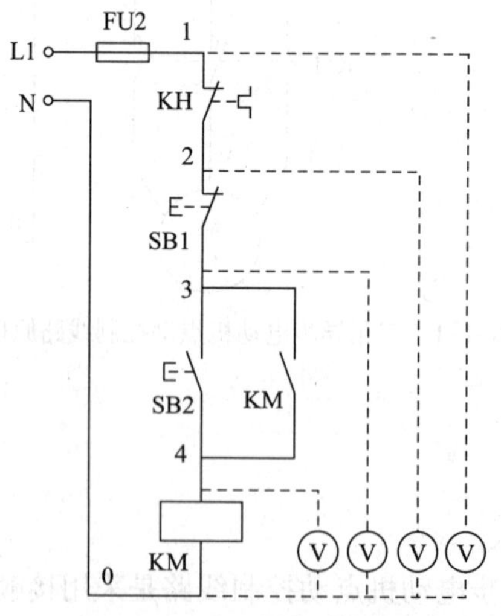

图 8-1-2　电压分阶测量法

测量时，首先接通控制电路电源，测量 0 和 1 两点之间的电压，若电压为 380 V，说明控制电路的电源电压正常。然后按住按钮 SB2 不放，把黑表笔接到 0 点上，红表笔依次接到 2、3、4 各点上，分别测量出 0–2、0–3、0–4 之间的电压。根据其测量结果即可找出故障点，见表 8-1-1。这种测量方法如同下或上台阶一样依次测量电压，所以称为电压分阶测量法。

表 8-1-1　　用电压分阶测量法查找故障点

故障现象	测量状态	0-2	0-3	0-4	故障点
按下按钮 SB2 时，KM 不吸合	按住按钮 SB2 不放	0	0	0	KH 常闭触头接触不良
		380 V	0	0	SB1 常闭触头接触不良
		380 V	380 V	0	按钮 SB2 接触不良
		380 V	380 V	380 V	KM 线圈断路

（2）电阻分阶测量法

测量检查时，首先把万用表的转换开关置于倍率适当的电阻挡，然后按图 8-1-3 所示方法进行测量。断开主电路，接通控制电路电源。若按下按钮 SB2 时，接触器 KM 不吸合，说明控制电路有故障。

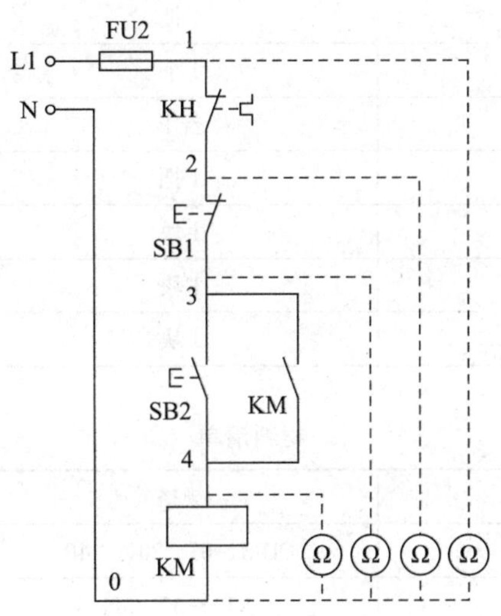

图 8-1-3　电阻分阶测量法

测量时，首先切断控制电路电源（这点与电压分阶测量法不同），然后按住按钮 SB2 不放，用万用表依次测量 0-1、0-2、0-3、0-4 之间的电阻。根据其测量结果即可找出故障点，见表 8-1-2。

表 8-1-2　　用电阻分阶测量法查找故障点

故障现象	测量状态	0-1	0-2	0-3	0-4	故障点
按下按钮 SB2 时，KM 不吸合	按住按钮 SB2 不放	∞	*R*	*R*	*R*	KH 常闭触头接触不良
		∞	∞	∞	∞	KM 线圈断路
		∞	∞	∞	*R*	按钮 SB2 接触不良
		∞	∞	*R*	*R*	SB1 常闭触头接触不良

任务实施

一、主要工具、材料准备

工具清单见表 8-1-3，材料清单见表 8-1-4。

表 8-1-3　　工具清单

序号	名称	数量	备注
1	验电笔	1 支	
2	旋具	2 个	十字、一字各 1 个
3	尖嘴钳	1 把	
4	斜口钳	1 把	
5	剥线钳	1 把	
6	压线钳	1 把	
7	电工刀	1 把	
8	手电钻	1 个	
9	弯管器	若干	根据实际情况配备
10	活扳手	1 把	
11	兆欧表	1 块	500 V
12	钳形电流表	1 块	
13	万用表	1 块	

表 8-1-4　　材料清单

序号	名称	规格	数量
1	断路器 QS	CDM1-63，20 A，4P	1 个
2	熔断器 FU1	RT18-32，3P	1 个
3	熔断器 FU2	RT18-32，1P	1 个
4	交流接触器 KM	CJX2-0910，220 V	1 个
5	按钮开关 SB	LAY16	1 个
6	三相鼠笼式异步电动机 M	380 V/ △	1 台
7	导线、接线端子、线管等	—	若干

二、线路安装

1. 按材料清单配齐所用电气元件，并进行质量检验。

（1）检验选配的低压电器的技术数据（如型号、规格、额定电压、额定电流等）是否符合要求，并检验其外观、备件、附件是否齐全、完好。

（2）检验电气元件的电磁机构动作是否灵活，有无衔铁卡壳等不正常现象。用万用表检查电磁线圈的通断情况以及各触头的分合情况。

（3）用万用表、兆欧表检测电气元件及电动机的有关技术数据是否符合要求。

2. 安装元件。

3. 布线。

4. 根据原理图检查布线的正确性，以防止因错接、漏接造成电动机不能正常运转或短路等事故。

（1）按原理图从电源端开始，逐段核对接线及接线端子处的线号是否正确，有无漏接、错接之处。检查导线连接点是否符合要求，压接是否牢固。

（2）用万用表检查线路的通断情况。检查时，应选用倍率适当的电阻挡，并进行校零，以防发生短路事故。

（3）用兆欧表检查线路的绝缘电阻应不小于 0.5 MΩ。

5. 安装线管并穿线。

6. 安装电动机。

7. 连好接地线。

8. 检查安装质量。

9. 接入三相电源。

10. 通电试车。为保证人身安全，在通电试车时，要认真执行安全操作规程中的有关规定，一人监护，一人操作。试车前应检查与通电试车有关的电气设备是否有不安全的因素存在，若存在不安全因素应立即整改，然后才能试车。通电试车有以下三个步骤。

（1）合上电源开关 QS 后，用验电笔检查熔断器 FU1 出线端，氖管亮说明电源接通。按下按钮 SB，观察接触器 KM 工作是否正常，是否符合线路功能要求；观察电气元件动作是否灵活，有无卡阻及噪声过大等现象；观察电动机运行是否正常等（此时不得对线路接线是否正常进行带电检查）。若有异常现象应立刻停车。

（2）当电动机运转平稳后，用钳形电流表测量三相电流是否平衡。若不平衡，应立即切断电源，排除故障后再上电。

（3）通电试车完毕，待电动机停止运转后，切断电源。先拆除三相电源线，再拆除电动机连接导线。

三、线路调试

1. 根据故障点的不同情况，采取相应的检修方法排除故障。

2. 检修完毕，进行通电空载校验或局部空载校验。

3. 校验合格，通电试运行。在实际检修工作中，由于电动机控制线路的故障现象不同（同一故障现象，发生的部位也不一定相同），采用以上故障检修步骤和方法时，不要生搬硬套，而应按不同的故障情况灵活运用，妥善处理，力求迅速、准确地找出故障点，查明故障原因，及时排除故障。

4. 实际检修工作中应注意以下几个方面。

（1）在排除故障的过程中，分析故障、排除故障的思路和方法要正确。

（2）用验电笔检测故障时，必须检查验电笔是否符合使用要求。

（3）不能随意更改线路，也不能带电触摸元件。

（4）仪表使用要正确，以防止引起错误判断。

（5）带电检修故障时，必须有人现场监护，并要确保用电安全。

任务测评

任务测评表见表 8-1-5。

表 8-1-5　任务测评表

序号	测评项目	标准	评分			备注
			自评	互评	师评	
1	学习态度（10 分）	积极参加团队学习和讨论，按时完成各项学习任务				
2	团队合作（15 分）	团队合作意识强，善于与人交流和沟通				
3	元器件及电动机安装（30 分）	安装到位，布局合理				
4	接线（20 分）	正确、牢固，无漏铜				
5	整体安装（15 分）	安全、牢固、美观				
6	通电测试（10 分）	线路功能正常				
总分						

任务 2　三相异步电动机长动（自锁）控制线路的安装与调试

任务目标

1. 掌握三相异步电动机长动（自锁）控制线路的工作原理。
2. 熟悉常见保护电路的类型及作用。
3. 能进行三相异步电动机长动（自锁）控制线路的安装与调试。

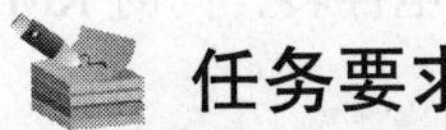

任务要求

本任务要求学生根据图纸（图 8-2-1）完成三相异步电动机长动（自锁）控制线路的安装与调试。

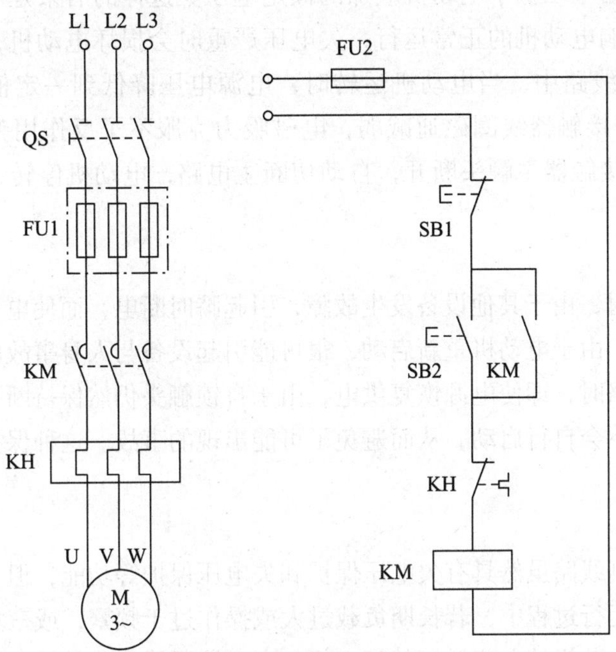

图 8-2-1　三相异步电动机长动（自锁）控制线路原理图

相关知识

一、电路工作原理

在点动控制线路中，要使电动机转动，就必须按住启动按钮不放，而在实际生产中，有些电动机需要长时间连续地运行，使用点动控制是不现实的，这就需要使用具有接触器自锁功能的长动控制线路。

图 8-2-1 所示的三相异步电动机长动（自锁）控制线路是一种最常用、最简单的控制线路，可实现对电动机的启动、停止和自动控制、远距离控制、频繁操作等。

相对于点动控制来说，长动的自锁触头必须是常开触头且与启动按钮并联。因电动机是连续工作的，必须加装热继电器以实现过载保护。长动控制线路与点动控制线路的不同之处在于控制电路中增加了一个停止按钮 SB1，在启动按钮 SB2 的两端并联了一对接触器 KM 的常开触头，增加了过载保护系统（热继电器 KH）。

电路工作原理如下。

启动：合上电源开关 QS →按下按钮 SB2 → KM 线圈得电→ KM 主触头闭合→电动机得电启动，同时 KM 常开辅助触头闭合，形成自锁，使电动机进行长动运行。

停止：按下按钮 SB1 → KM 线圈失电→ KM 主触头断开→电动机失电停转，同时 KM 常开辅助触头断开，解除自锁。

二、常见保护电路的类型及作用

1. 欠电压保护

欠电压是指电路电压低于电动机应加的额定电压。这样的后果是电动机转矩降低，转速随之下降，会影响电动机的正常运行，欠电压严重时会损坏电动机，发生事故。在具有接触器自锁的控制线路中，当电动机运转时，电源电压降低到一定值（一般低到 85% 额定电压以下），由于接触器线圈磁通减弱，电磁吸力克服不了反作用弹簧的拉力，动铁芯因而释放，从而使接触器主触头断开，自动切断主电路，电动机停转，达到欠电压保护的作用。

2. 失电压保护

当电动机运行时，由于其他设备发生故障，引起瞬时断电，而使电动机停转。当故障排除后，恢复供电时，由于电动机重新启动，很可能引起设备与人身事故的发生。采用具有接触器自锁的控制线路时，即使电源恢复供电，由于自锁触头仍然保持断开，接触器线圈不会通电，所以电动机不会自行启动，从而避免了可能出现的事故。这种保护称为失电压保护或零电压保护。

3. 过载保护

具有自锁的控制线路虽然具有欠电压保护和失电压保护等功能，但实际使用中还不够完善。因为电动机在运行过程中，若长期负载过大或操作过于频繁，或三相电路断掉某相运行等原因，都可能使电动机的电流超过其额定值，有时熔断器在这种情况下尚不会熔断，这将会使电动机绕组过热，从而损坏电动机绝缘，因此，应对电动机设置过载保护，通常由三相热继电器来完成过载保护。

任务实施

一、主要工具、材料准备

工具清单见表 8–2–1，材料清单见表 8–2–2。

表 8–2–1　　工具清单

序号	名称	数量	备注
1	验电笔	1 支	
2	旋具	2 个	十字、一字各 1 个
3	尖嘴钳	1 把	
4	斜口钳	1 把	
5	剥线钳	1 把	
6	压线钳	1 把	

续表

序号	名称	数量	备注
7	电工刀	1 把	
8	手电钻	1 个	
9	弯管器	若干	根据实际情况配备
10	活扳手	1 把	
11	兆欧表	1 块	500 V
12	钳形电流表	1 块	
13	万用表	1 块	

表 8-2-2　　材料清单

序号	名称	规格	数量
1	断路器 QS	CDM1-63，20 A，4P	1 个
2	熔断器 FU1	RT18-32，3P	1 个
3	熔断器 FU2	RT18-32，1P	1 个
4	交流接触器 KM	CJX2-0910，220 V	1 个
5	热继电器 KH	JRS1D-25/Z（0.63 ～ 1 A）	1 个
6	热继电器座	JRS1D-25	1 个
7	按钮开关 SB1	LAY16（红）	1 个
8	按钮开关 SB2	LAY16（绿）	1 个
9	三相鼠笼式异步电动机 M	380 V/Δ	1 台
10	导线、接线端子、线管等	—	若干

二、线路安装

1. 按材料清单配齐所用电气元件，并进行质量检验。

2. 安装元件。

3. 布线。

4. 根据原理图检查布线的正确性，以防止因错接、漏接造成电动机不能正常运转或短路等事故。

5. 安装线管并穿线。

6. 安装电动机。

7. 连好接地线。

8. 检查安装质量。

9. 接入三相电源。

10. 通电试车。

三、线路调试

检查接线无误后，接通交流电源，合上开关 QS，按下按钮 SB2，电动机应能启动并连续转动，按下按钮 SB1，电动机应停转。若按下按钮 SB2，电动机启动运转后，电源电压降到 320 V 以下或电源断电，则接触器 KM 的主触头断开，电动机停转。再次恢复电压为 380 V（允许 ±10% 的波动），电动机应不会自行启动——具有欠压或失压保护。

如果电动机转轴卡住，此时若接通交流电源，则在几秒内热继电器 KH 应动作，并断开加在电动机上的交流电源（注意反应时间不能超过 10 s，否则电动机会因过热而损坏）。

任务测评

任务测评参考表 8-1-5。

任务 3　三相异步电动机正反转控制线路的安装与调试

任务目标

1. 掌握接触器互锁控制和按钮互锁控制的三相异步电动机正反转控制线路的工作原理。
2. 能进行三相异步电动机正反转控制线路的安装与调试。

任务要求

本任务要求学生根据图纸（图 8-3-1）完成三相异步电动机正反转控制线路的安装与调试。

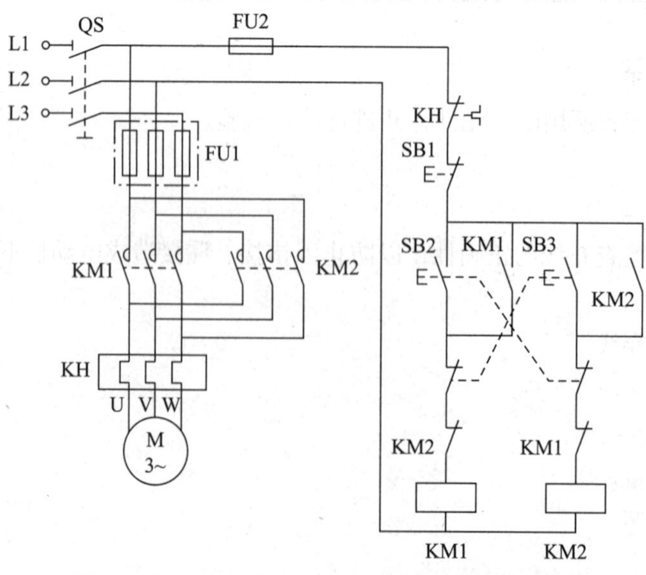

图 8-3-1　三相异步电动机正反转控制线路原理图

相关知识

一、接触器互锁控制的三相异步电动机正反转控制线路

接触器互锁控制的三相异步电动机正反转控制线路如图 8-3-2 所示。电动机在运行过程中，若误操作按下了改变运行方向的按钮时，会发生两相短路故障。因此，通常在控制电路中将 KM1、KM2 正反转接触器常闭辅助触头串接在对方线圈电路中，形成相互制约的控制，这种相互制约的控制关系称为互锁（或联锁），实现互锁作用的常闭触头称为互锁触头（或联锁触头）。

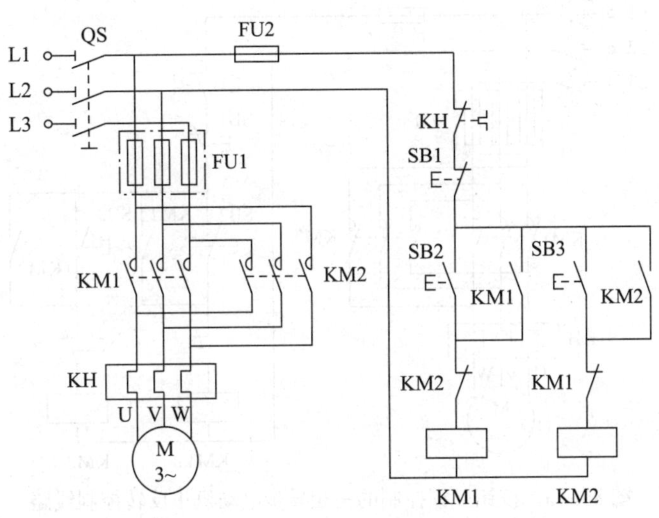

图 8-3-2 接触器互锁控制的三相异步电动机正反转控制线路

动作原理如下。

1. 正转控制

合上电源开关 QS，按正转启动按钮 SB2，正转控制回路接通，KM1 线圈得电，其常开辅助触头闭合自锁、常闭辅助触头断开对 KM2 的联锁，同时主触头闭合，主电路按 U、V、W 的相序接通，电动机正转。

2. 反转控制

要使电动机改变转向（即由正转变为反转），应先按停止按钮 SB1，使正转控制回路断开，电动机停转，然后才能按反转启动按钮 SB3，使电动机反转。这是因为反转控制回路中串联了正转接触器 KM1 的常闭辅助触头，当 KM1 线圈得电工作时，其常闭辅助触头是断开的，若这时直接按反转按钮 SB3，KM2 线圈无法通电，其主触头不闭合，故电动机仍然正转，不会反转。电动机停转后按反转启动按钮 SB3，KM2 线圈得电，其主触头闭合，主电路按 W、V、U 的相序接通，电动机的电源相序改变了，故电动机反向旋转。

二、按钮互锁控制的三相异步电动机正反转控制线路

按钮互锁控制的三相异步电动机正反转控制线路如图 8-3-3 所示。采用该控制方式，当

需要改变电动机的转向时，只要直接按反转启动按钮就可以了，不必先按停止按钮。这是因为如果电动机已正向运转，KM1 线圈是通电的。这时，若按下反转启动按钮 SB3，其串在 KM1 线圈回路中的常闭触头首先断开，将 KM1 线圈回路断开，相当于按停止按钮 SB1，使电动机停转。随后正转启动按钮 SB2 串在 KM2 线圈回路中的常闭触头闭合（电动机正转时该触头是断开的），KM2 线圈得电，其主触头闭合，电动机得电，此时电源相序相反，电动机即反向运转。同样，当电动机已反向运转时，若按下正转启动按钮 SB2，电动机就先停转后正转。该线路是利用按钮动作时，常闭触头先断开、常开触头后闭合的特点来保证 KM1 与 KM2 线圈不会同时得电，以此实现电动机正反转的联锁控制。

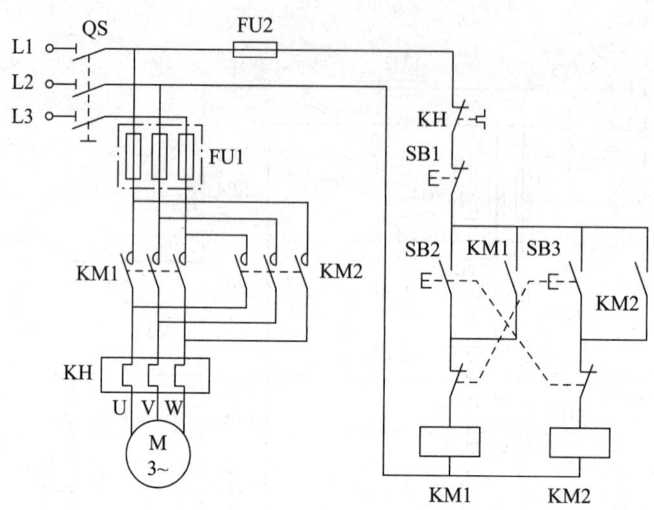

图 8-3-3　按钮互锁控制的三相异步电动机正反转控制线路

图 8-3-1 所示控制线路采用接触器和按钮双重联锁，具备以上两种联锁的功能。

任务实施

一、主要工具、材料准备

工具清单见表 8-3-1，材料清单见表 8-3-2。

表 8-3-1　　工具清单

序号	名称	数量	备注
1	验电笔	1 支	
2	旋具	2 个	十字、一字各 1 个
3	尖嘴钳	1 把	
4	斜口钳	1 把	
5	剥线钳	1 把	
6	压线钳	1 把	
7	电工刀	1 把	

续表

序号	名称	数量	备注
8	手电钻	1 个	
9	弯管器	若干	根据实际情况配备
10	活扳手	1 把	
11	兆欧表	1 块	500 V
12	钳形电流表	1 块	
13	万用表	1 块	

表 8-3-2 材料清单

序号	名称	规格	数量
1	断路器 QS	CDM1-63，20 A，4P	1 个
2	熔断器 FU1	RT18-32，3P	1 个
3	熔断器 FU2	RT18-32，1P	1 个
4	交流接触器 KM1、KM2	CJX2-0910，220 V	2 个
5	热继电器 KH	JRS1D-25/Z（0.63 ～ 1 A）	1 个
6	热继电器座	JRS1D-25	1 个
7	按钮开关 SB1	LAY16（红）	1 个
8	按钮开关 SB2、SB3	LAY16（绿）	2 个
9	三相鼠笼式异步电动机 M	380 V/Δ	1 台
10	导线、接线端子、线管等	—	若干

二、线路安装与调试

1. 按材料清单配齐所用电气元件，并进行质量检验。

2. 根据原理图，设计电气元件布置图（图 8-3-4），并安装元件。要求元件排列合理、规范和整齐，元件紧固适当。

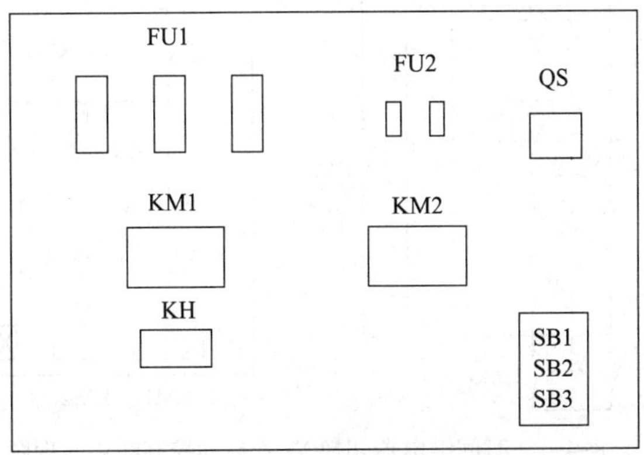

图 8-3-4 电气元件布置图

3. 根据原理图画出接线图并布线。要求导线横平竖直、直角拐弯，尽量避免交叉，严禁损伤导线。接点应牢固、不漏铜、接触良好。

4. 根据原理图检查布线的正确性，以防止因错接、漏接造成电动机不能正常运转或短路等事故。

5. 按照前面的任务安装线管、电动机、接地线等，并检查安装质量。

6. 接入三相电源后通电试车。若线路不能正常工作，分析原因并排除故障。

任务测评

任务测评参考表 8-1-5。

任务 4　时间继电器切换 Y/△启动控制线路的安装与调试

任务目标

1. 掌握时间继电器切换 Y/ △启动控制线路的工作原理。
2. 能进行时间继电器切换 Y/ △启动控制线路的安装与调试。

任务要求

本任务要求学生根据图纸（图 8-4-1）完成时间继电器切换 Y/ △启动控制线路的安装与调试。

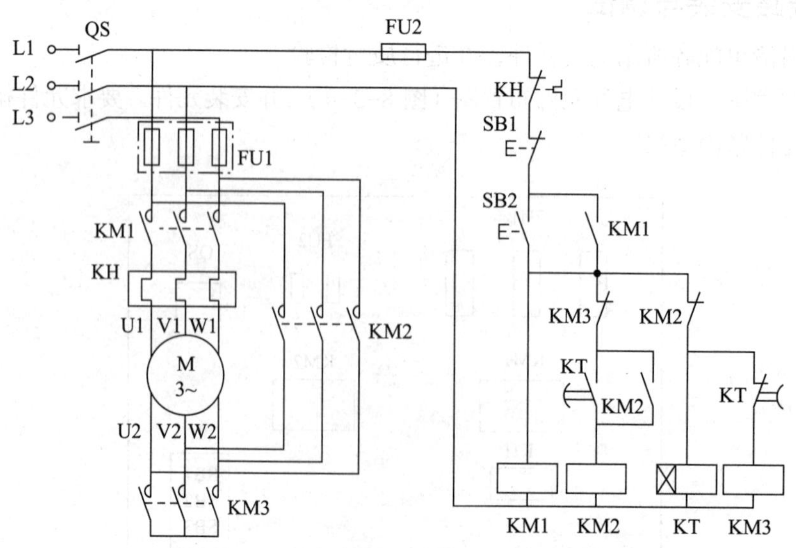

图 8-4-1　时间继电器切换 Y/ △启动控制线路原理图

相关知识

时间继电器切换 Y/ △启动控制线路原理图如图 8-4-1 所示。

为了减少电动机启动时的电流，将正常工作接法为△的电动机，在启动时改为 Y 接法，此时启动电流和启动转矩都降为原来的 1/3。

启动过程：按下启动按钮 SB2，KM1 线圈得电，其常开辅助触头闭合自锁，主触头闭合，为电动机的启动做准备。同时，KM3 线圈得电，其主触头闭合，电动机做星形降压启动；KT 线圈得电，其常闭触头延时断开，KM3 线圈失电，其常闭辅助触头恢复闭合，KT 常开辅助触头延时闭合，KM2 线圈得电，其主触头闭合，电动机做三角形运行；KM2 常闭辅助触头断开，使 KM3 线圈不能得电，KM2 常开辅助触头闭合自锁。

停车过程：按下停止按钮 SB1，接触器 KM1、KM2 失电释放，电动机停转。

任务实施

一、主要工具、材料准备

工具清单见表 8-4-1，材料清单见表 8-4-2。

表 8-4-1 工具清单

序号	名称	数量	备注
1	验电笔	1 支	
2	旋具	2 个	十字、一字各 1 个
3	尖嘴钳	1 把	
4	斜口钳	1 把	
5	剥线钳	1 把	
6	压线钳	1 把	
7	电工刀	1 把	
8	手电钻	1 个	
9	弯管器	若干	根据实际情况配备
10	活扳手	1 把	
11	兆欧表	1 块	500 V
12	钳形电流表	1 块	
13	万用表	1 块	

表 8-4-2　　材料清单

序号	名称	规格	数量
1	断路器 QS	CDM1-63，20 A，4P	1 个
2	熔断器 FU1	RT18-32，3P	1 个
3	熔断器 FU2	RT18-32，1P	1 个
4	交流接触器 KM1 ~ KM3	CJX2-0910，220 V	1 个
5	热继电器 KH	JRS1D-25/Z（0.63 ~ 1 A）	1 个
6	热继电器座	JRS1D-25	1 个
7	时间继电器 KT	JSZ3F-3（0 ~ 60 s），220 V	1 个
8	时间继电器座	PF-083 A	1 个
9	按钮开关 SB1	LAY16（红）	1 个
10	按钮开关 SB2	LAY16（绿）	1 个
11	三相鼠笼式异步电动机 M	380 V/Δ	1 台
12	导线、接线端子、线管等	—	若干

二、线路安装与调试

参考前面任务的步骤安装电气元件、导线及电动机等，检查完安装质量后通电试车，若线路不能正常工作，分析原因并排除故障。

记录线路安装与调试过程中遇到的问题及解决方法（表 8-4-3）。

表 8-4-3　　线路安装与调试过程中遇到的问题及解决方法

序号	遇到的问题	解决方法

任务测评

任务测评参考表 8-1-5。

附录1　电气装置项目专业技术规范

附表1　　个人与安全部分

项目	规范	正确示范	错误示范
A-01	工作服： 施工过程中始终穿着工作服		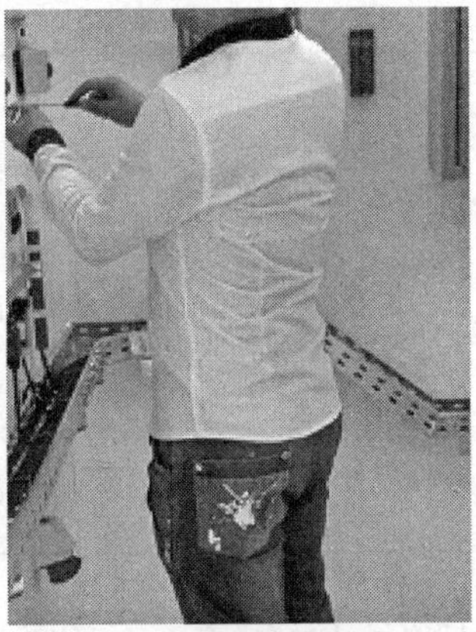
A-02	安全帽： 施工过程中始终戴安全帽	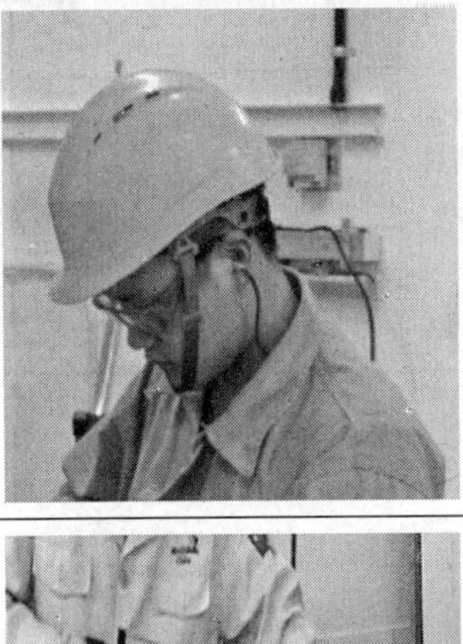	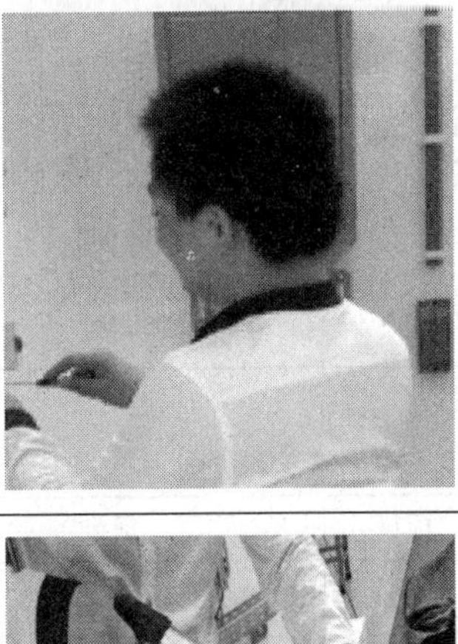
A-03	防护手套： 在使用手电钻以及进行锉、锯等操作时必须戴防护手套	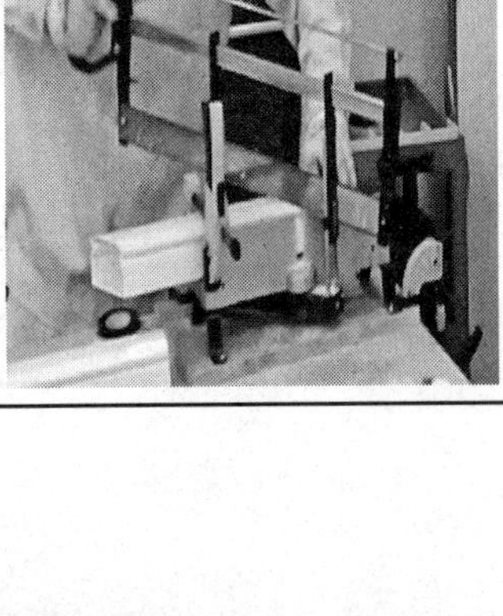	

续表

项目	规范	正确示范	错误示范
A-04	电工绝缘手套： 在通电测试时，正确穿戴电工绝缘手套	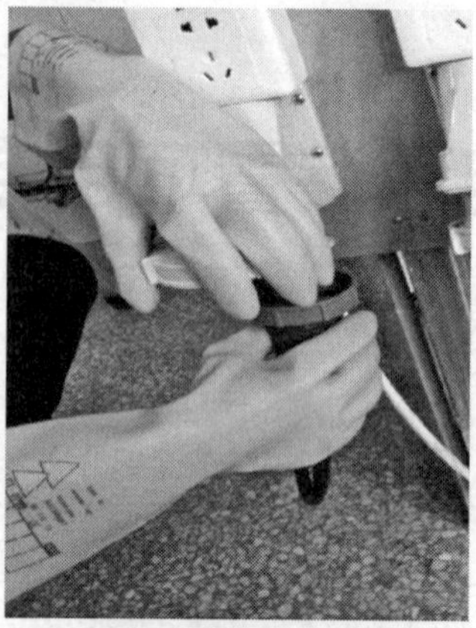	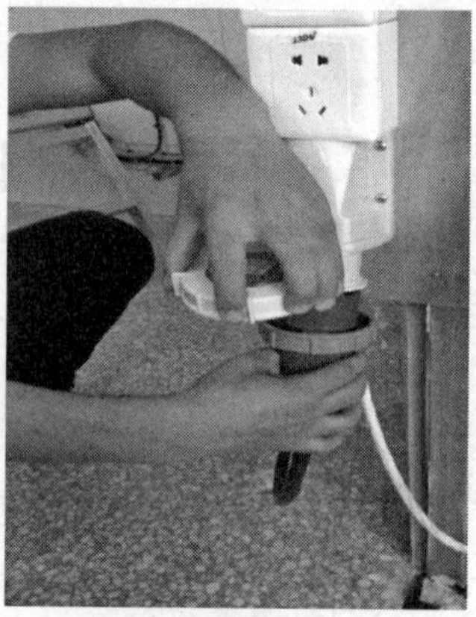
A-05	绝缘防护鞋： 操作时始终穿着绝缘防护鞋（带防护钢头）	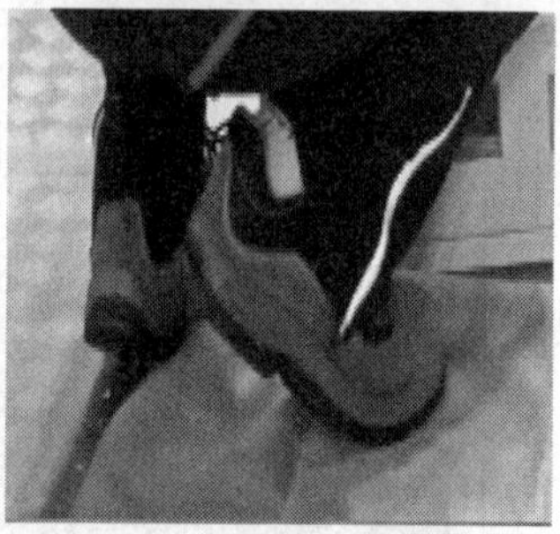	
A-06	场地整理： 操作过程中保持施工区域物品摆放整齐，操作结束后清理场地	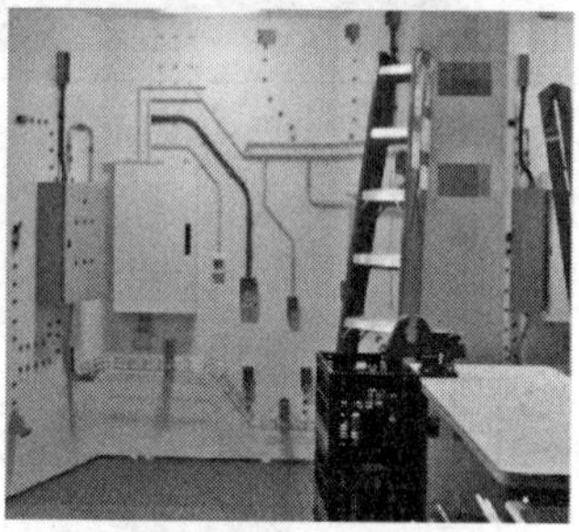	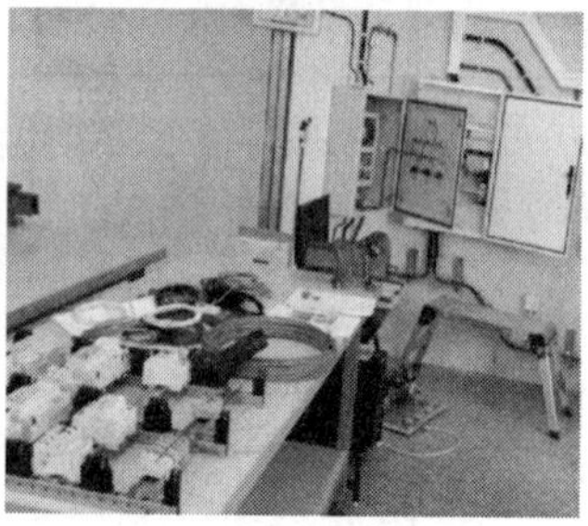

附表 2　　功能与测试部分

项目	规范	正确示范	错误示范
B-01	接地连续性电阻测量： 主接地端和装置上所需接地的任意一点之间的电阻不能超过 0.5 Ω	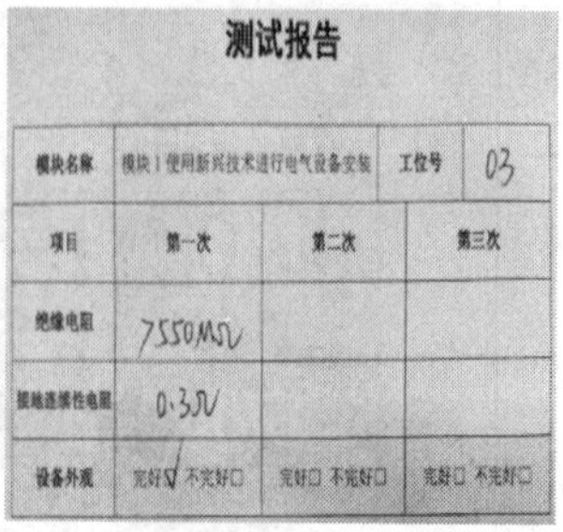	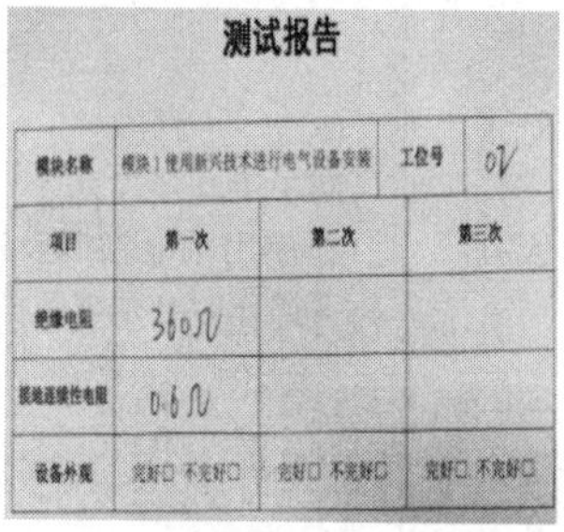

续表

项目	规范	正确示范	错误示范
B-02	绝缘电阻测量： 任意带电导体和任意接地导体之间的绝缘电阻不能小于 1 MΩ	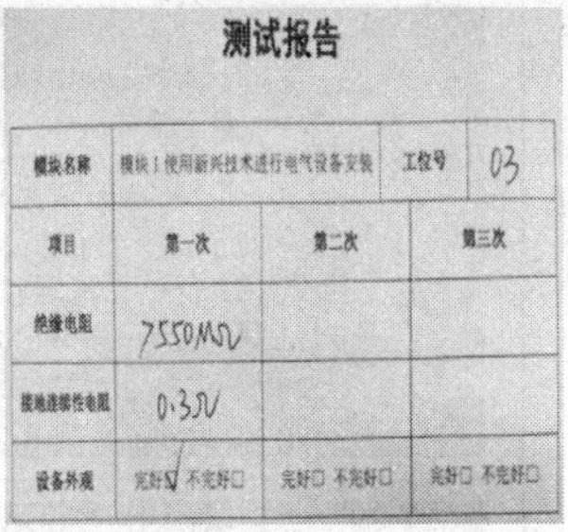 测试报告 模块名称：模块1使用新兴技术进行电气设备安装；工位号：03 项目：第一次 / 第二次 / 第三次 绝缘电阻：7550MΩ 接地连续性电阻：0.3Ω 设备外观：完好☑ 不完好□ / 完好□ 不完好□ / 完好□ 不完好□	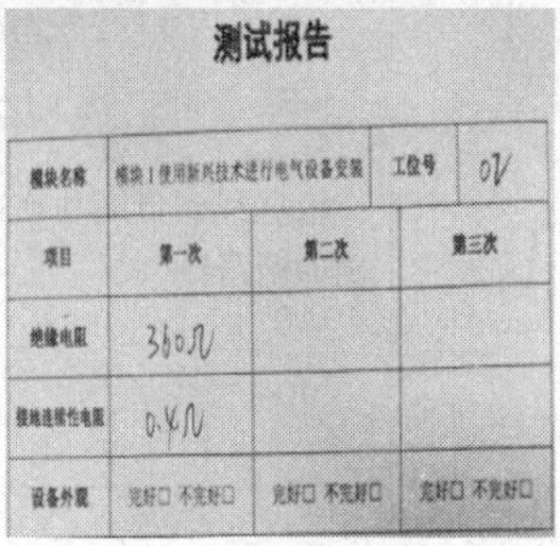 测试报告 模块名称：模块1使用新兴技术进行电气设备安装；工位号：01 项目：第一次 / 第二次 / 第三次 绝缘电阻：360Ω 接地连续性电阻：0.4Ω 设备外观：完好□ 不完好□ / 完好□ 不完好□ / 完好□ 不完好□
B-03	测试报告填写符合要求，数值、单位正确、齐全	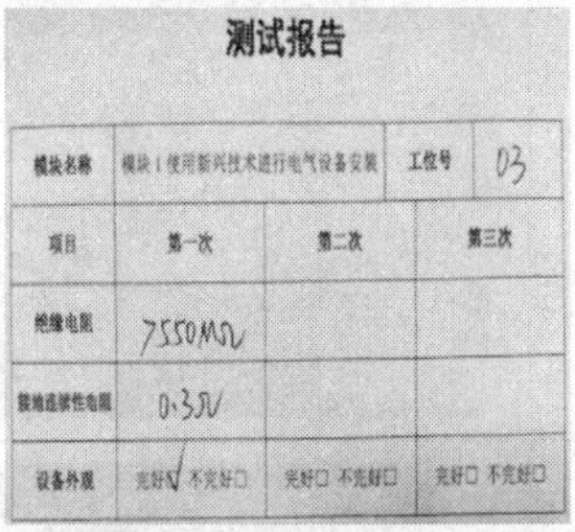 测试报告 模块名称：模块1使用新兴技术进行电气设备安装；工位号：03 项目：第一次 / 第二次 / 第三次 绝缘电阻：7550MΩ 接地连续性电阻：0.3Ω 设备外观：完好☑ 不完好□ / 完好□ 不完好□ / 完好□ 不完好□	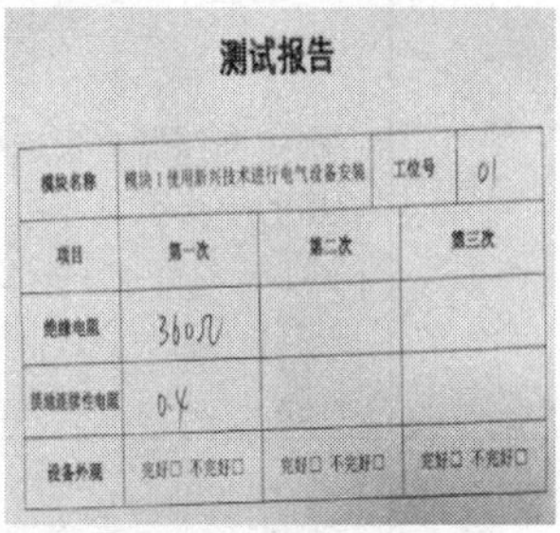 测试报告 模块名称：模块1使用新兴技术进行电气设备安装；工位号：01 项目：第一次 / 第二次 / 第三次 绝缘电阻：360Ω 接地连续性电阻：0.4 设备外观：完好□ 不完好□ / 完好□ 不完好□ / 完好□ 不完好□
B-04	确保所有需接地的设备、金属器材良好接地，灯盒等预留接地线	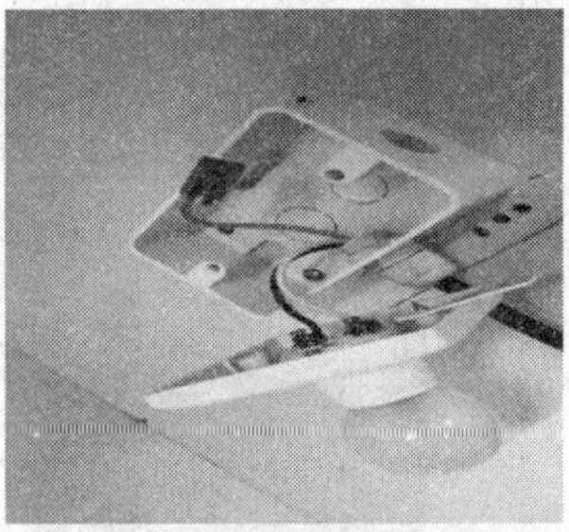	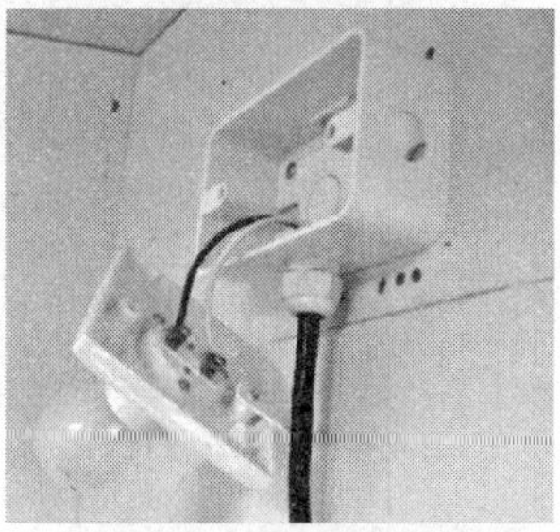
B-05	确保插座极性符合国家标准，一般左中性线、右相线	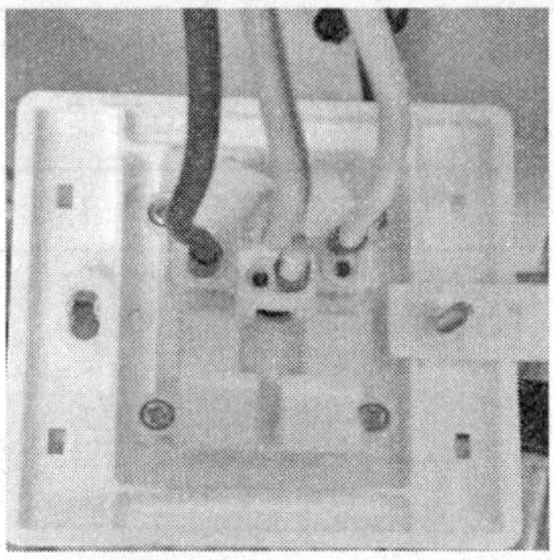	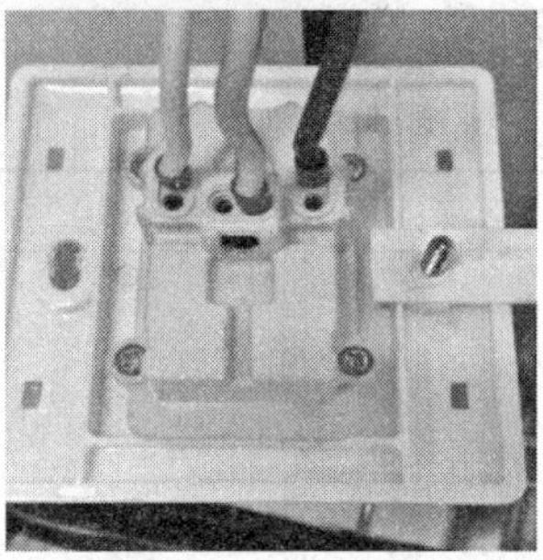
B-06	通电前必须确保所有盖板、盒（箱）面板均已牢固安装	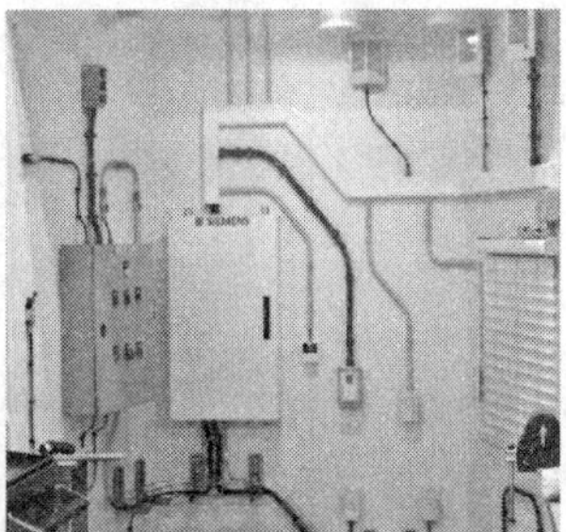	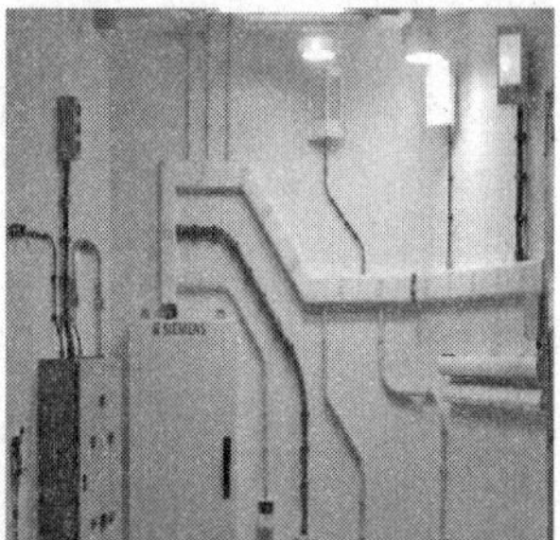

附表 3　　线路设计和安装

项目	规范	正确示范	错误示范
C-01	根据线路负载功率选用正确的断路器	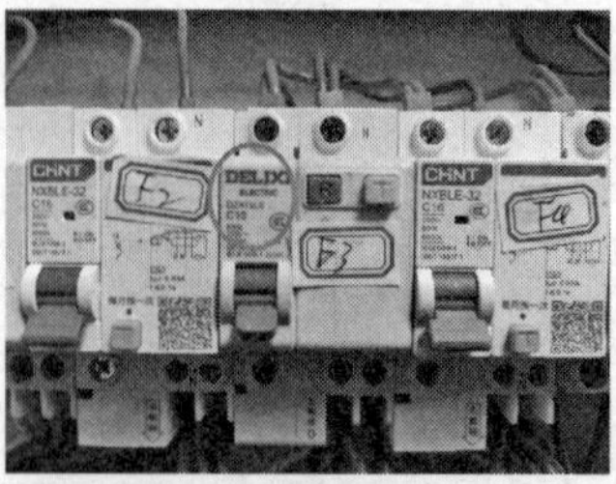	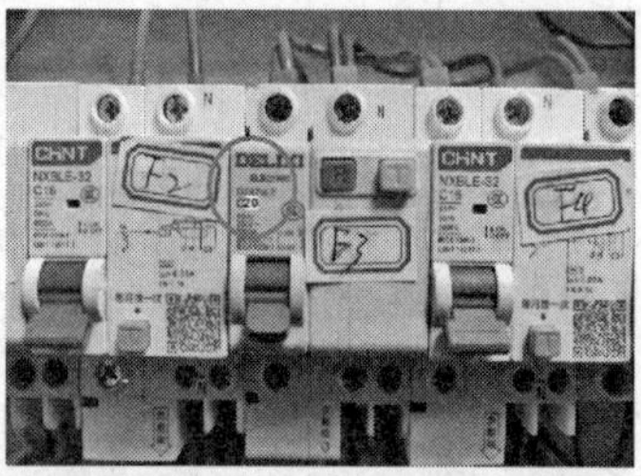
C-02	根据断路器容量选择正确规格的导线	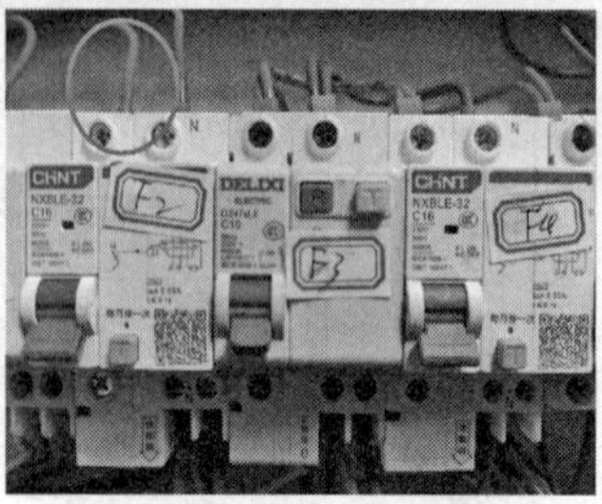	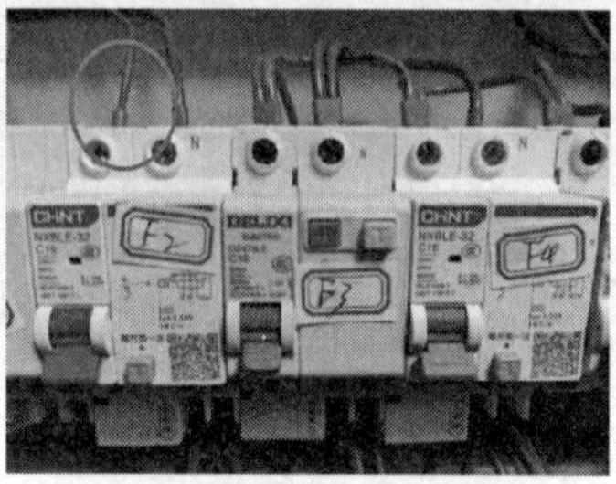
C-03	根据说明选择正确的导线颜色：中国标志 L1- 黄、L2- 绿、L3- 红、N- 淡蓝、PE- 黄绿双色	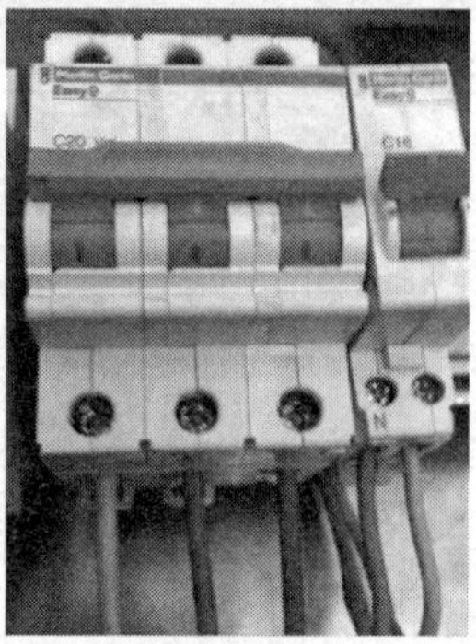	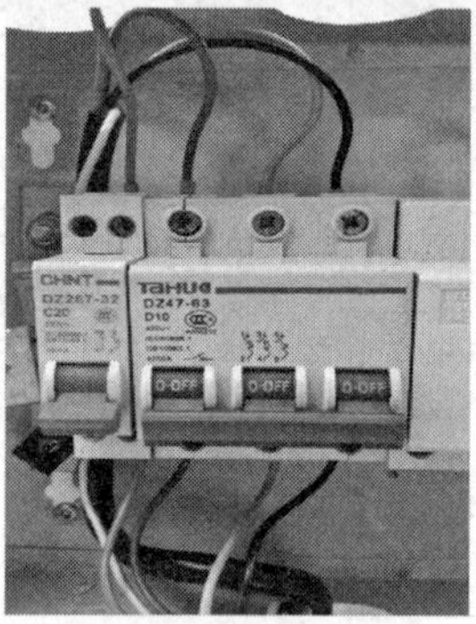

附表 4　　设备与线路安装

项目		规范	正确示范	错误示范
PVC 线槽加工与安装部分	E-01	线槽的中心或边缘到参考线的尺寸误差在 ±2 mm 以内	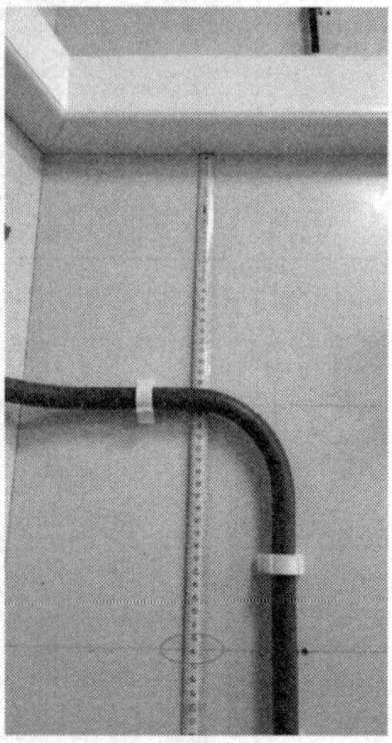	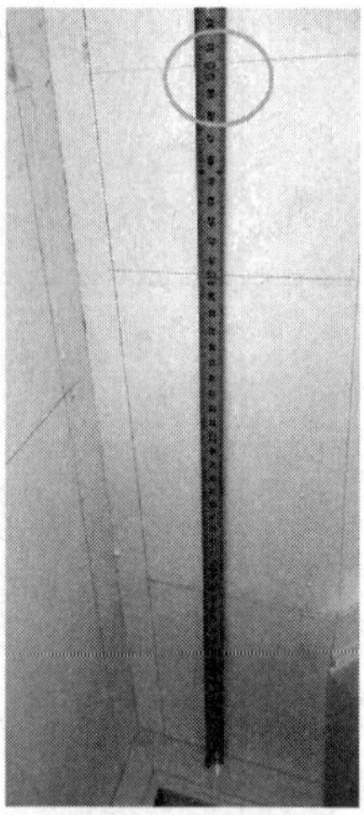

续表

项目		规范	正确示范	错误示范
PVC线槽加工与安装部分	E-02	水泡在基准线内	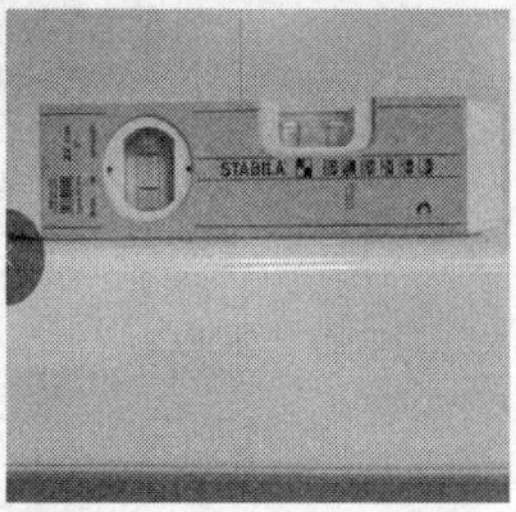	
	E-03	线槽加工处无毛刺	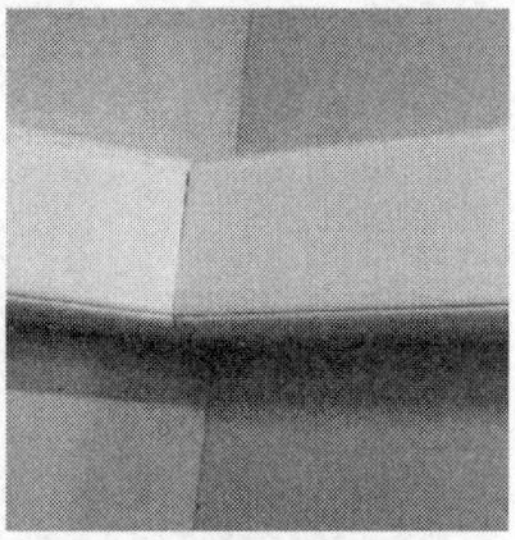	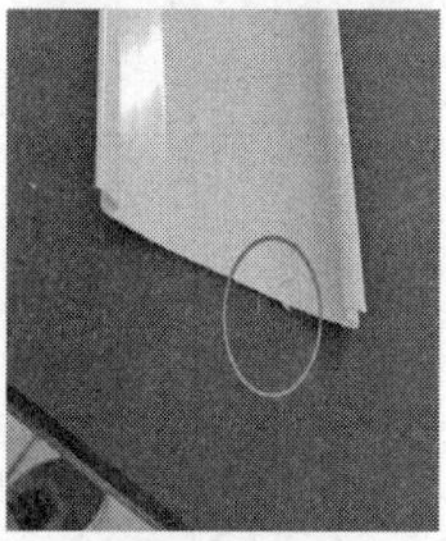
	E-04	线槽连接缝隙小于 1 mm	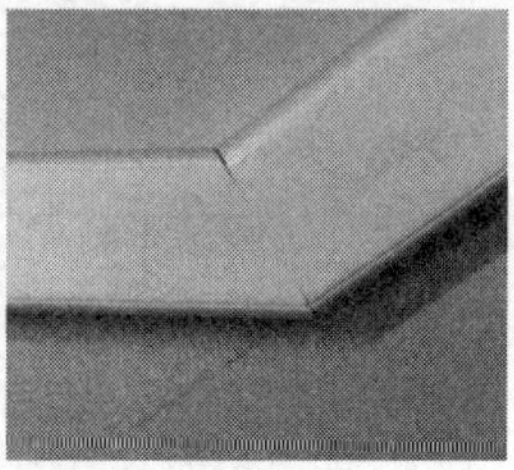	
	E-05	线槽需完全盖住，没有翘起和未完全盖住现象		
	E-06	PVC 线槽的末端需做封堵	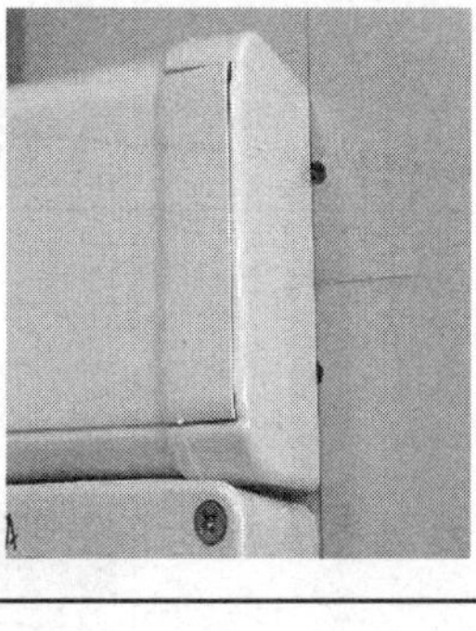	

续表

项目		规范	正确示范	错误示范
PVC线槽加工与安装部分	E-07	线槽固定点最大间距应符合要求	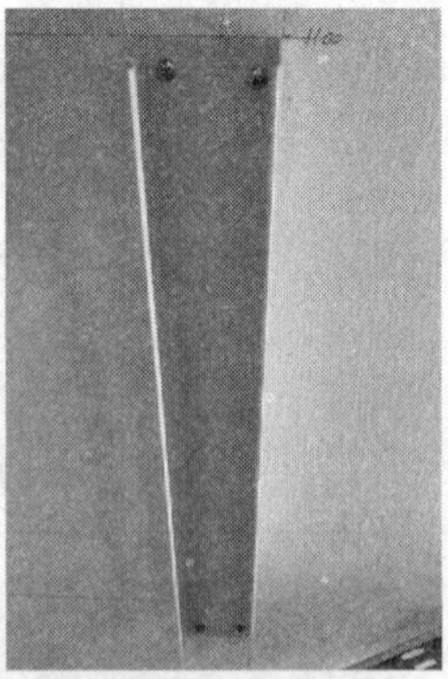	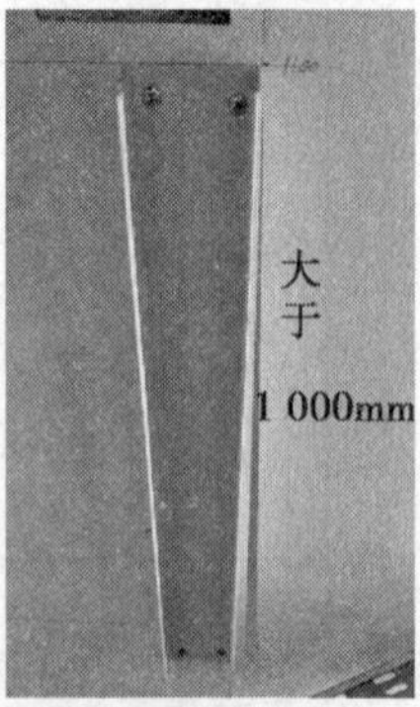 大于 1 000mm
	E-08	固定点应成直线、间距应一致		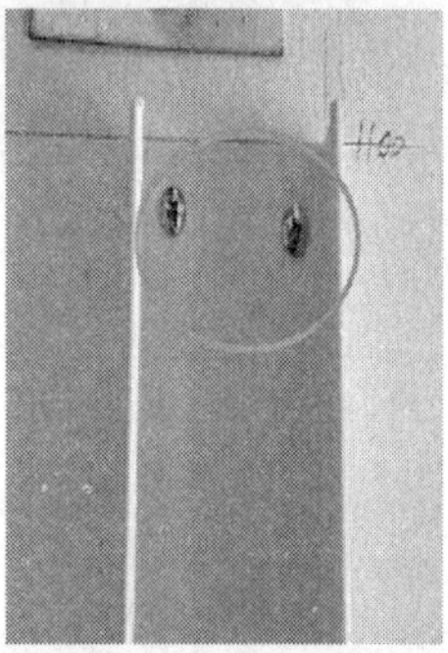
	E-09	弯角（或折角）两端、进盒（箱）处，直线槽两端、进线槽处需有固定点		
	E-10	线槽表面无施工痕迹残留		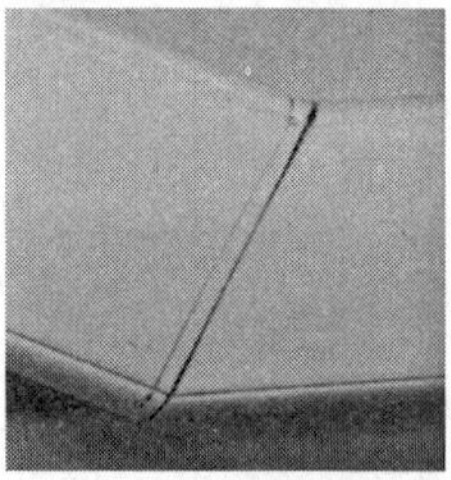
	E-11	线槽内导线不得打绞，不得有接头，不准将安装中的多余导线塞进线槽	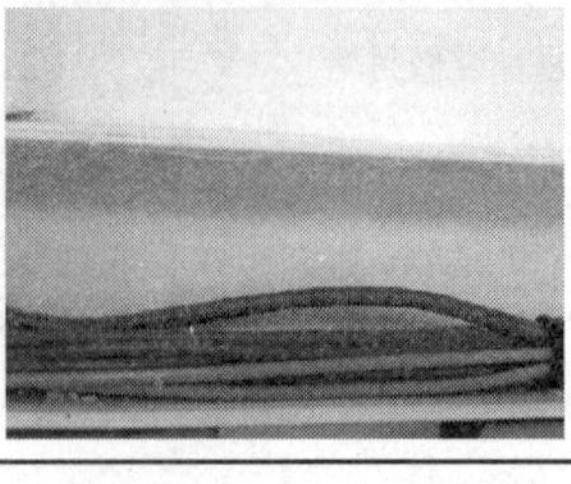	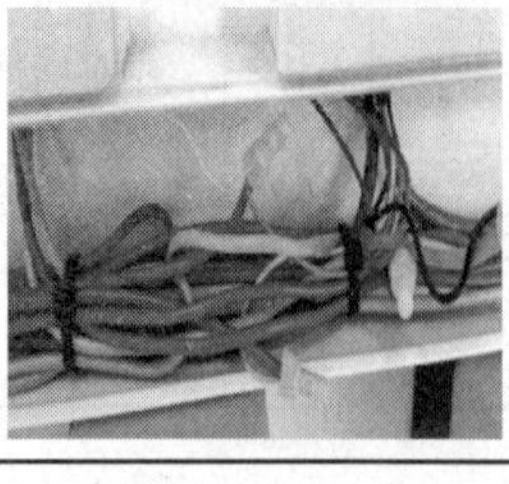

续表

项目		规范	正确示范	错误示范
PVC 线管加工与安装部分	E-12	PVC 线管的中心到参考线的尺寸误差在 ±2 mm 以内	—	—
	E-13	PVC 线管安装时要求水平、竖直	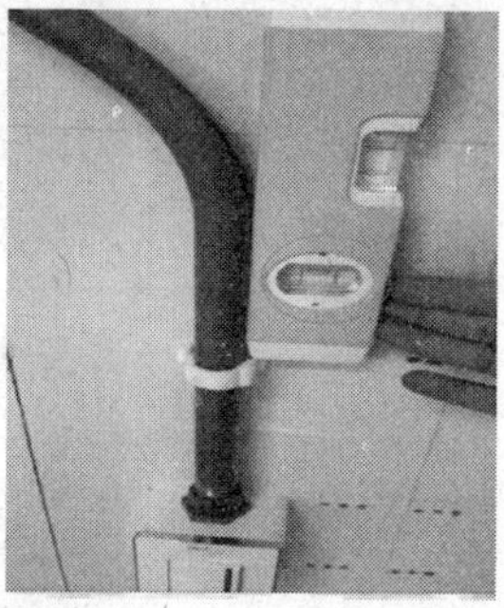	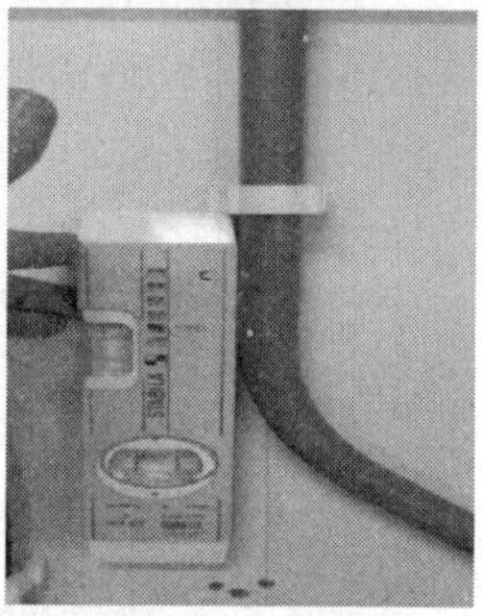
	E-14	终端点和弯曲处之间至少安装一个管卡	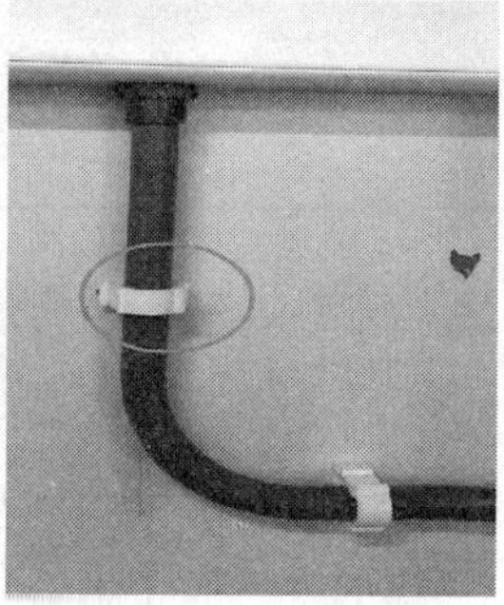	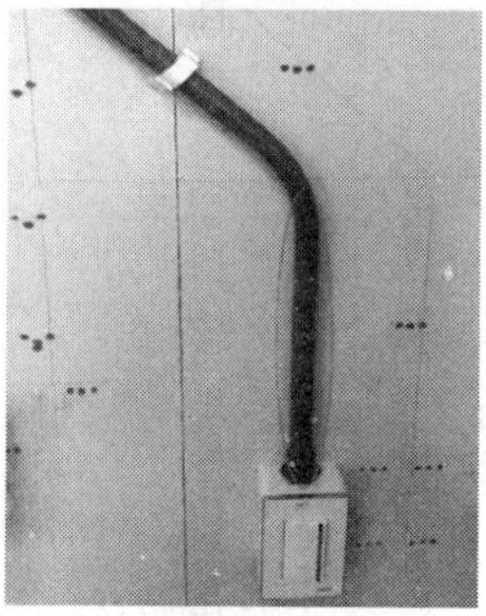
	E-15	两弯曲处之间至少安装一个管卡	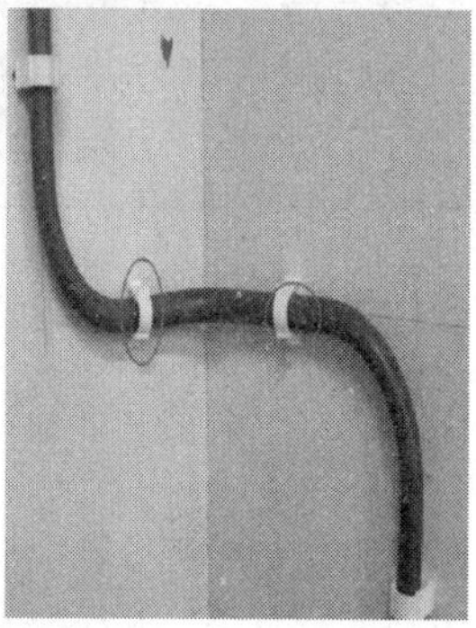	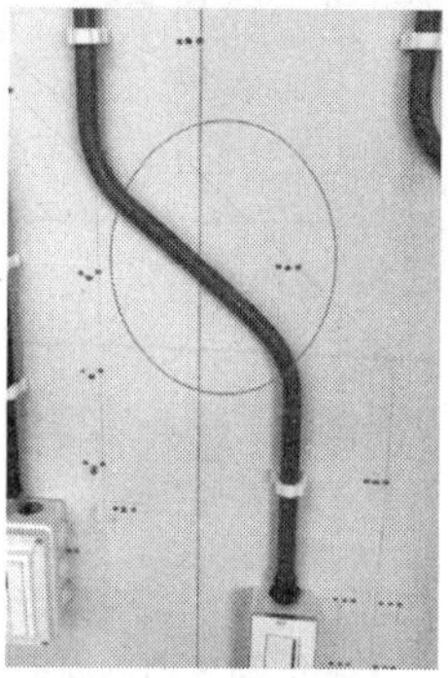
	E-16	终端点和终端点之间至少安装一个管卡		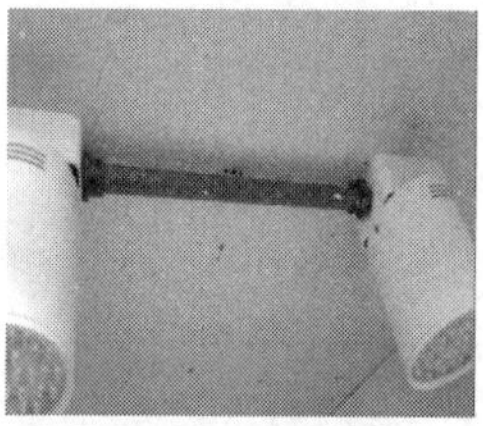

续表

项目		规范	正确示范	错误示范
PVC线管加工与安装部分	E-17	如果任意弯曲处或终端点之间的距离超过 1 m，则每隔 1 m 应额外添加一个管卡	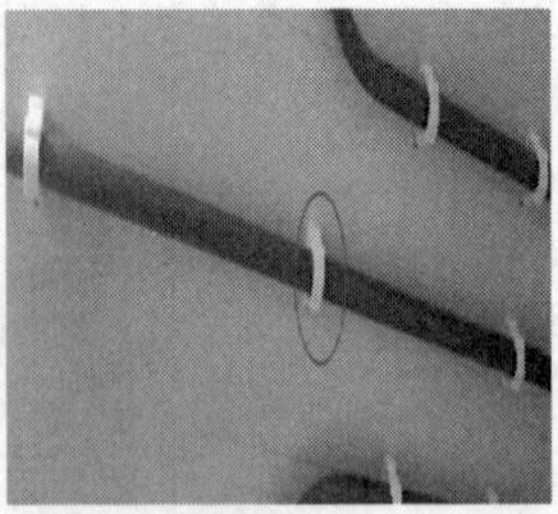	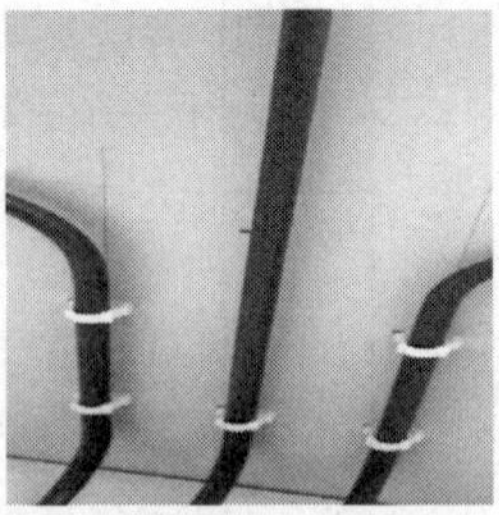
	E-18	线管应完全压入管卡内	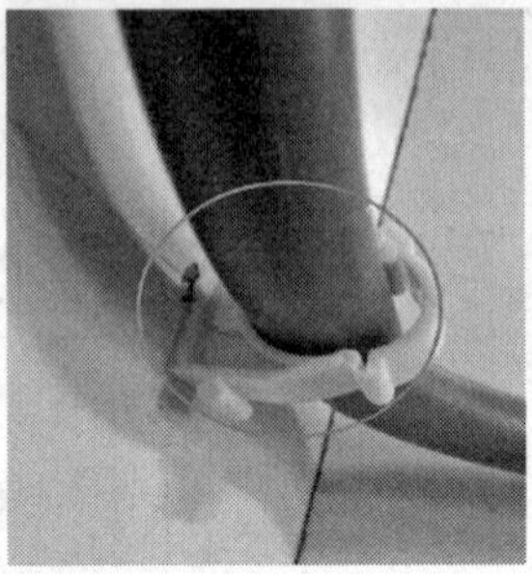	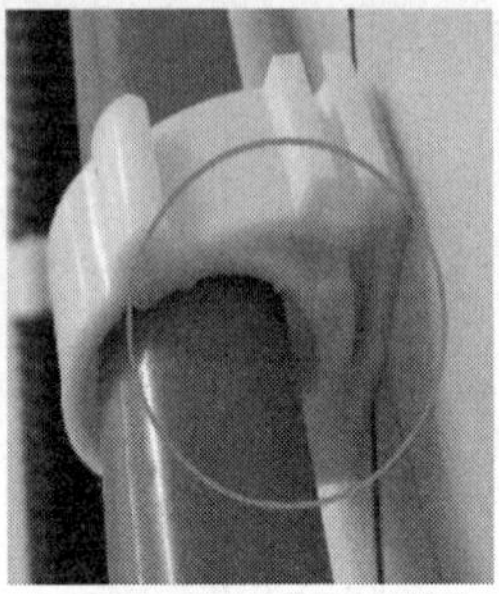
	E-19	转弯处两端管卡应对称	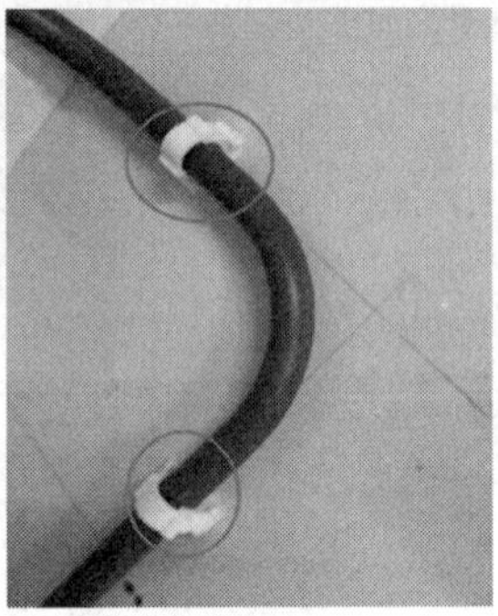	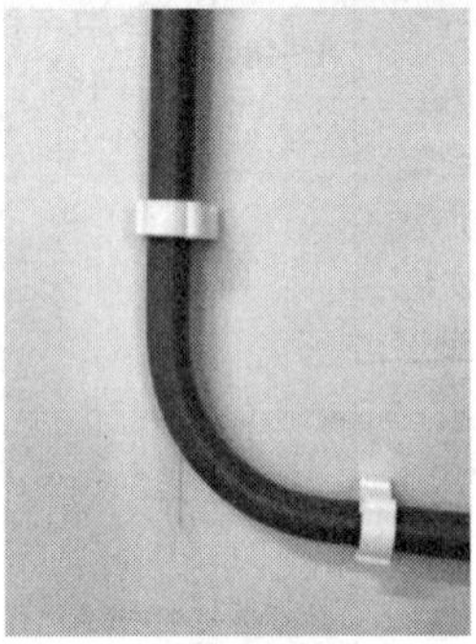
	E-20	线管直接进盒（箱），进盒（箱）前的固定管卡中孔与盒（箱）边的距离大于 80 mm	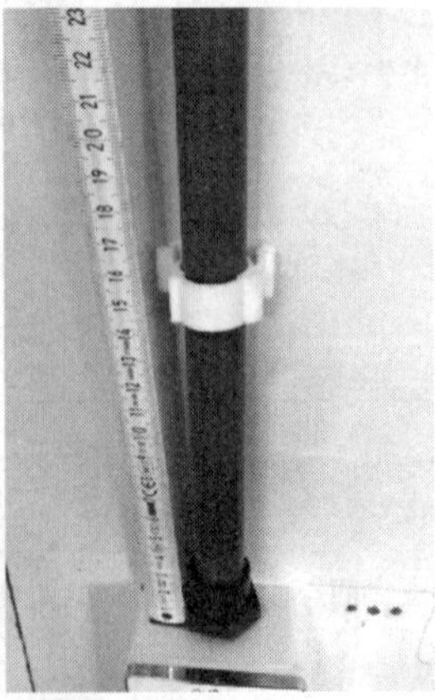	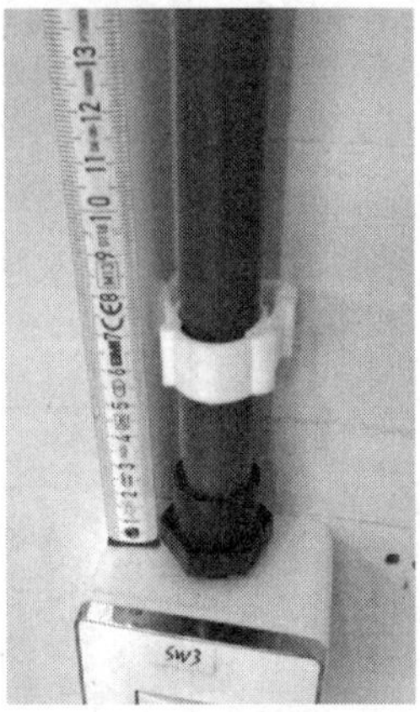

续表

项目		规范	正确示范	错误示范
PVC线管加工与安装部分	E-21	鸭脖弯进盒（箱）的线管进盒（箱）前要有管卡固定，管卡固定孔与盒（箱）边的距离为 180 ～ 300 mm	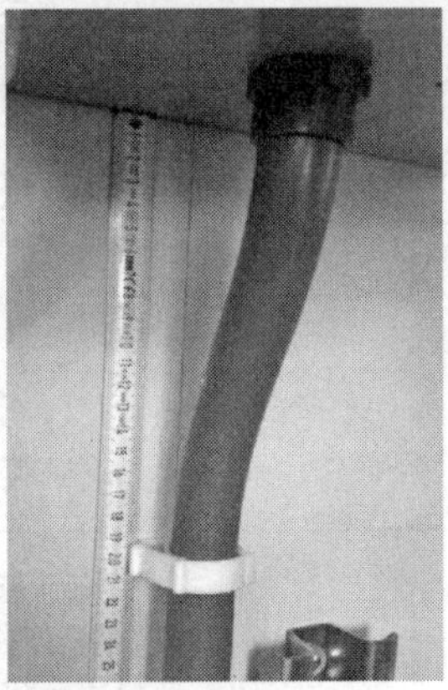	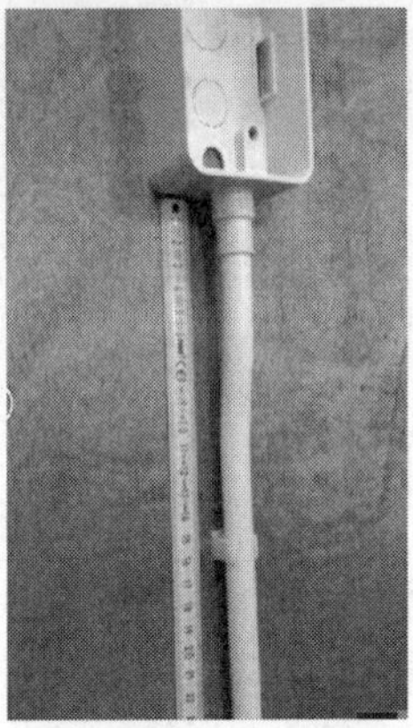
	E-22	线管弯曲处光滑，无折皱、变形	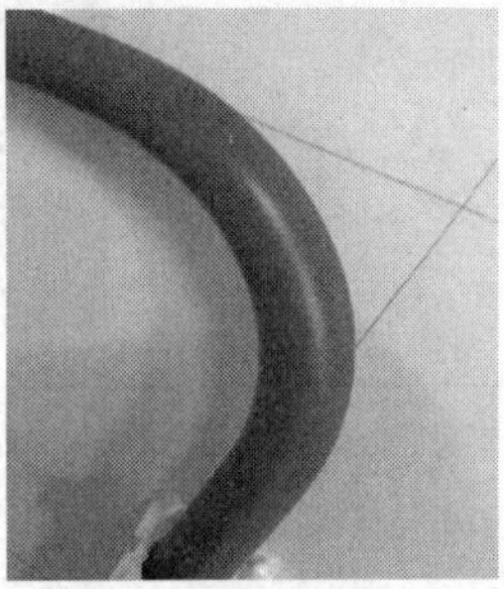	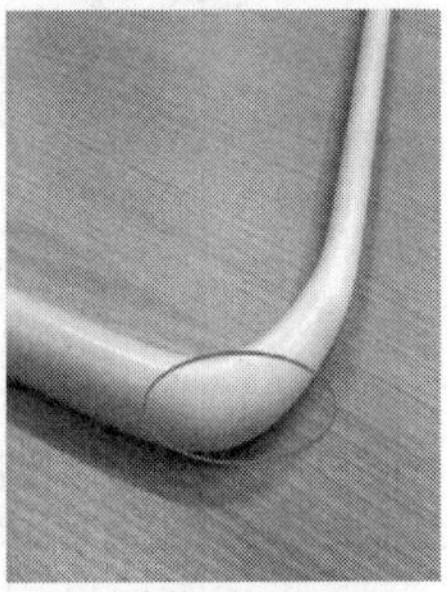
	E-23	线管的弯曲半径应为线管外径的 4 ～ 6 倍	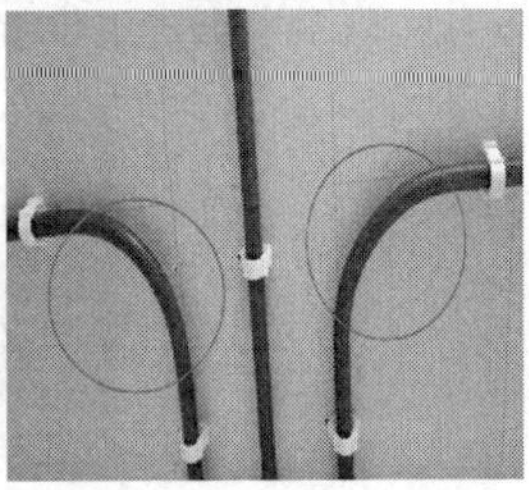	
	E-24	线管弯曲处角度偏差不大于 ±2°	—	—
	E-25	线管入槽（盒、箱）时必须加接连接件	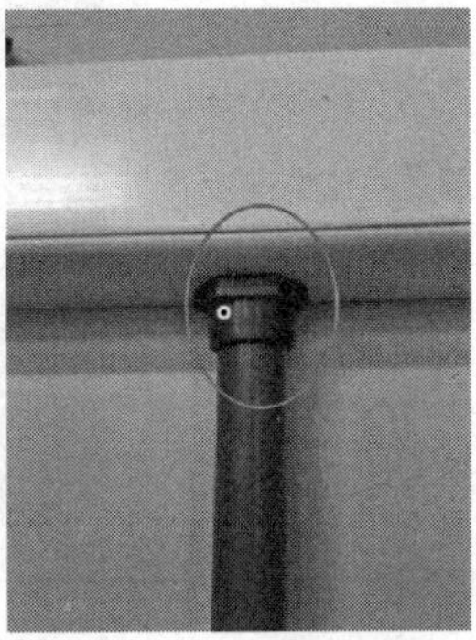	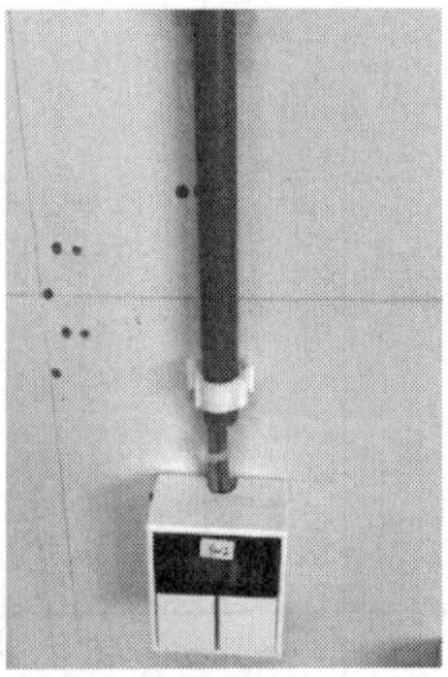

续表

项目		规范	正确示范	错误示范
PVC线管加工与安装部分	E-26	线管入盒时必须对准盒的中心		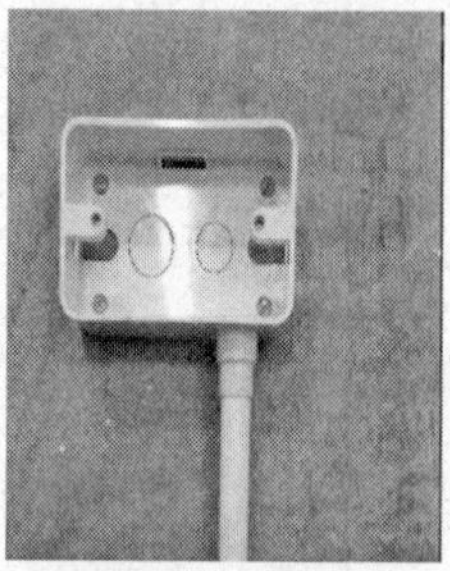
	E-27	线管表面无施工痕迹残留	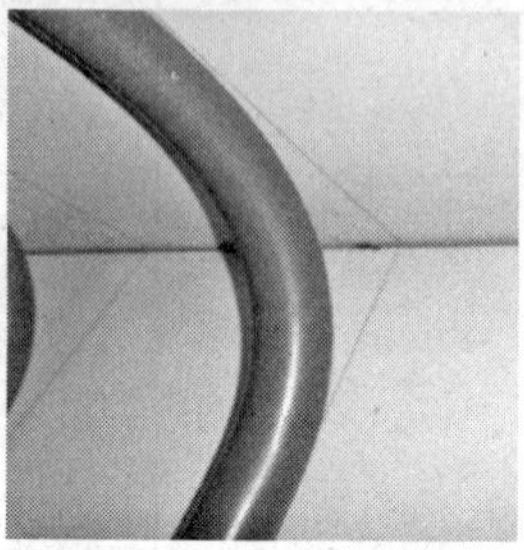	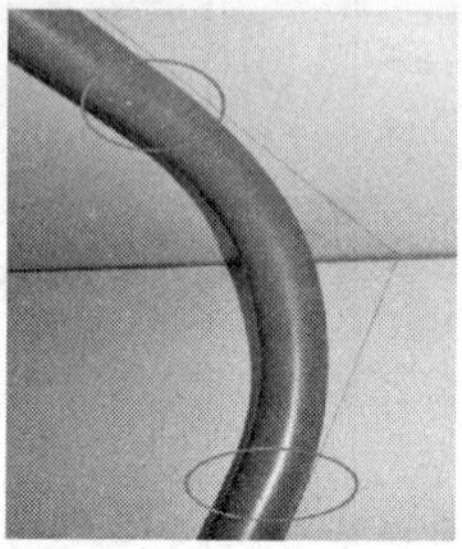
金属线管加工与安装部分	E-28	金属线管的中心到参考线的尺寸误差在 ±2 mm 以内	—	—
	E-29	金属线管安装时要求水平、竖直	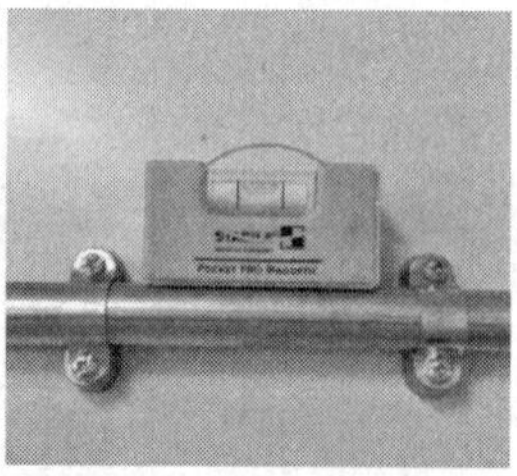	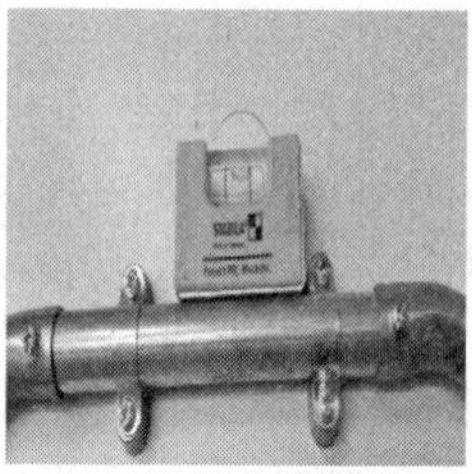
	E-30	终端点和弯曲处之间至少安装一个管卡	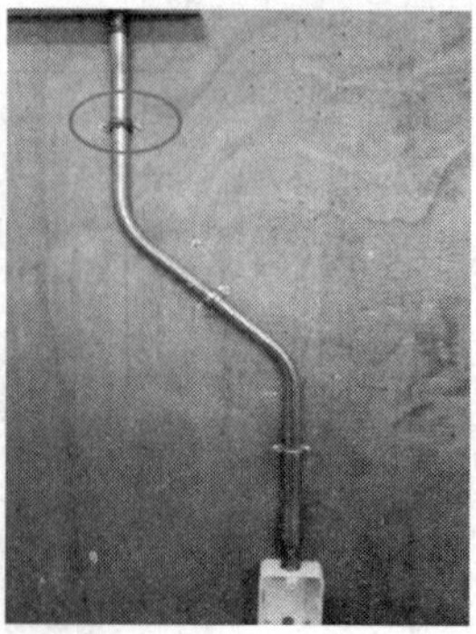	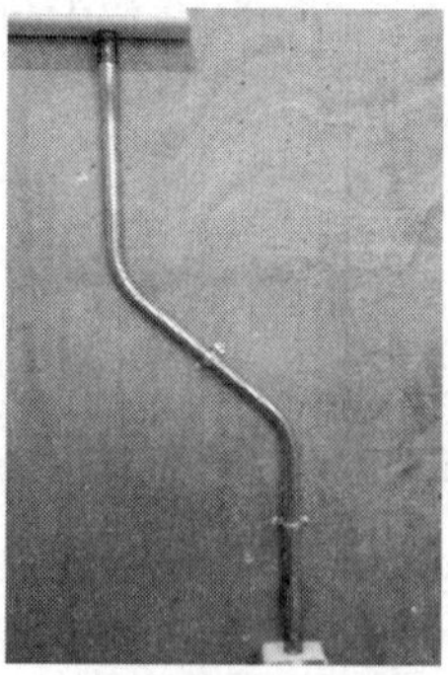

续表

项目		规范	正确示范	错误示范
金属线管加工与安装部分	E-31	两弯曲处之间至少安装一个管卡	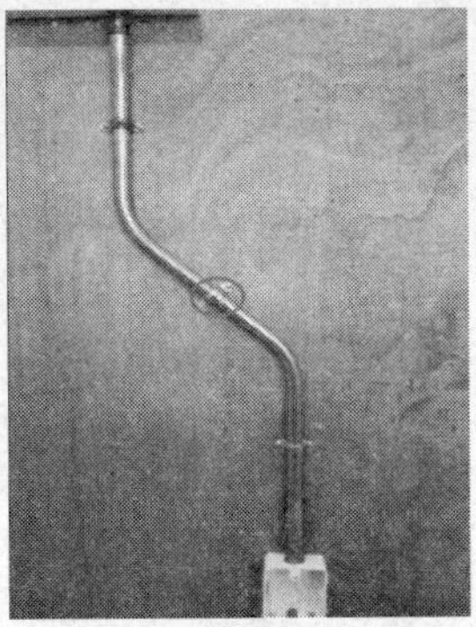	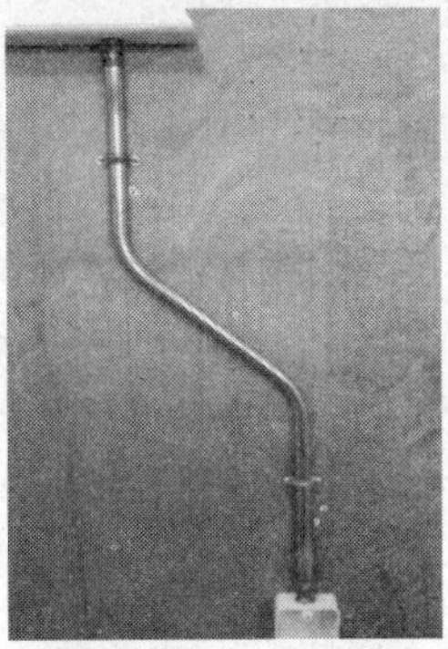
	E-32	终端点和终端点之间至少安装一个管卡	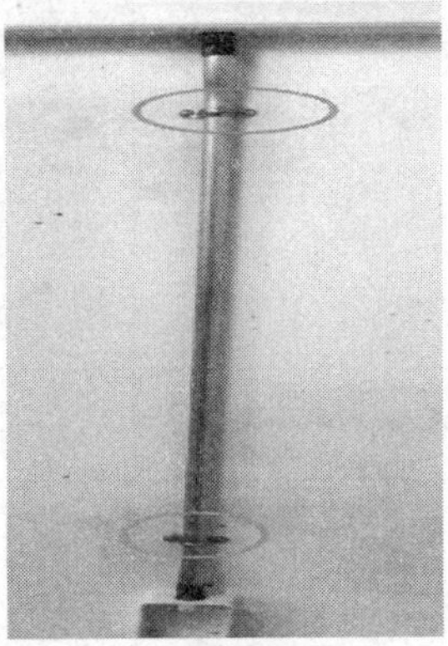	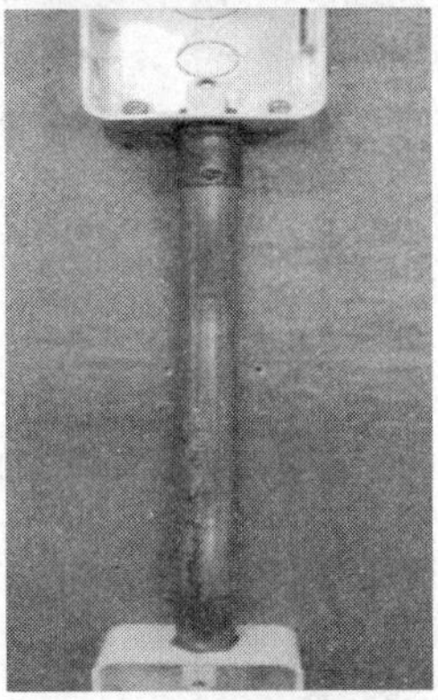
	E-33	如果任意弯曲处或终端点之间的距离超过1 m，则每隔1 m应额外添加一个管卡		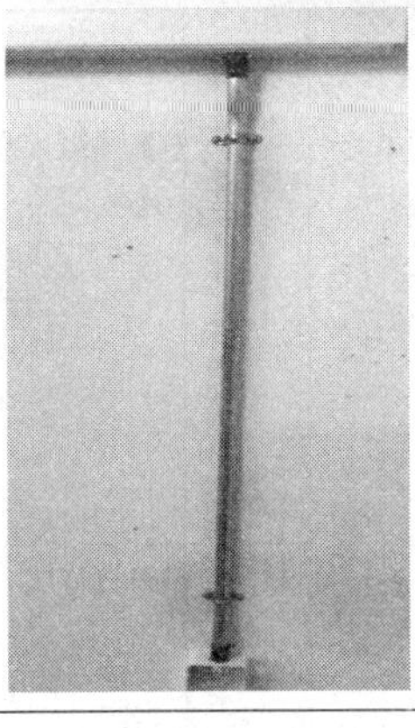
	E-34	线管应完全压入管卡内	—	—
	E-35	转弯处两端管卡应对称	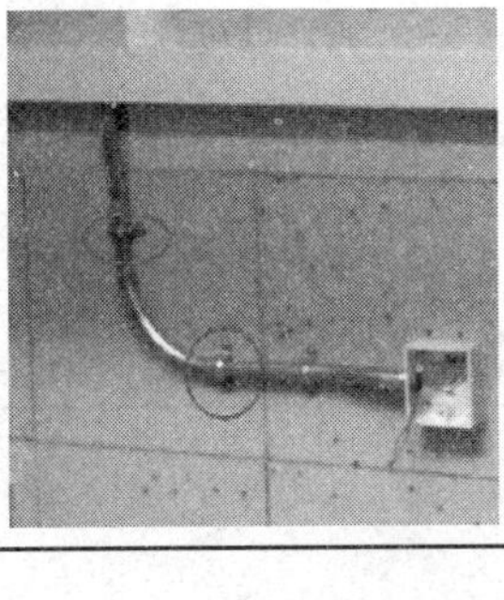	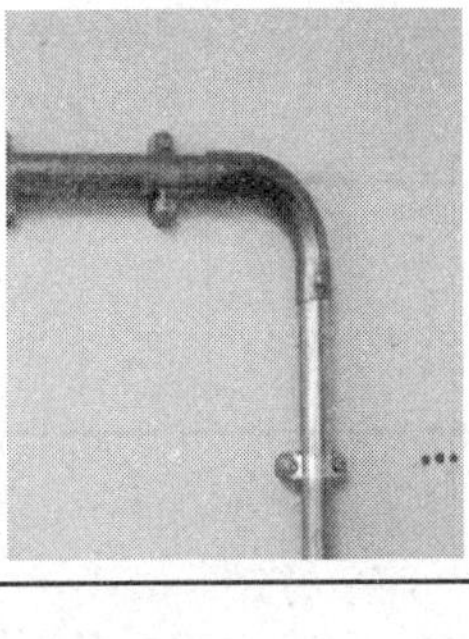

续表

项目		规范	正确示范	错误示范
金属线管加工与安装部分	E-36	线管弯曲处光滑，无折皱、变形		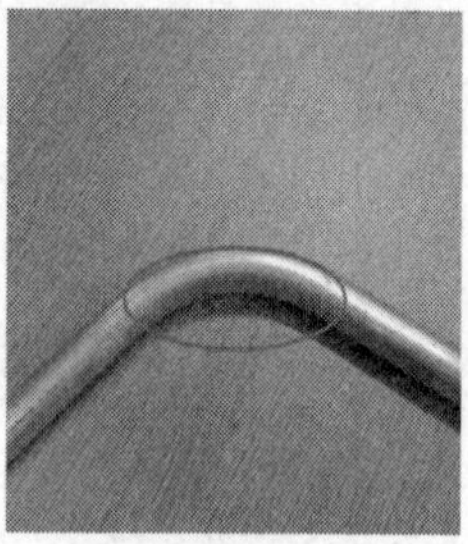
	E-37	线管的弯曲半径应为线管外径的4～6倍	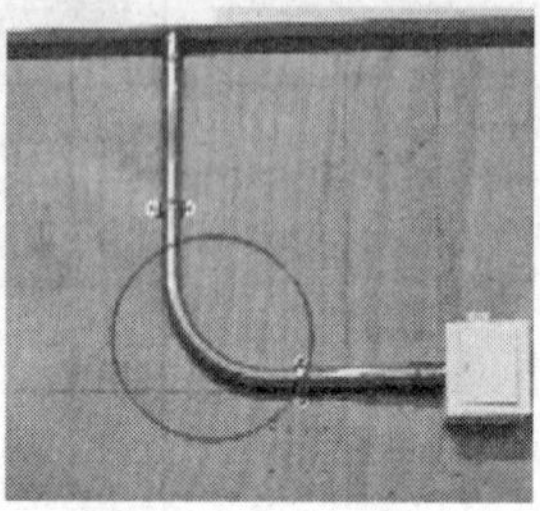	—
	E-38	线管弯曲处角度偏差不大于 ±2°	—	—
	E-39	线管入槽（盒、箱）时必须加接连接件	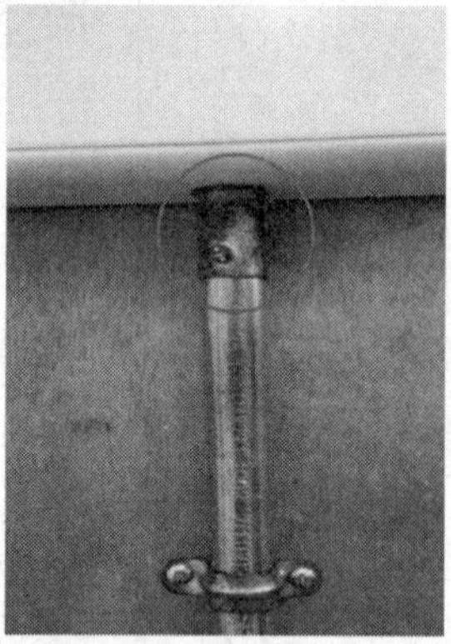	
	E-40	线管不进入槽（盒、箱）时，应加电缆接头	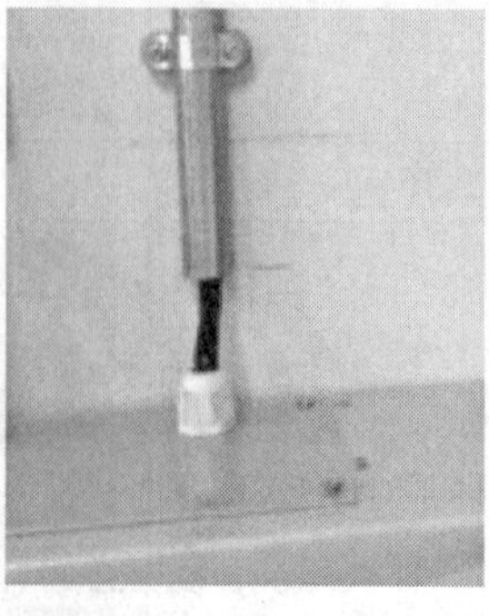	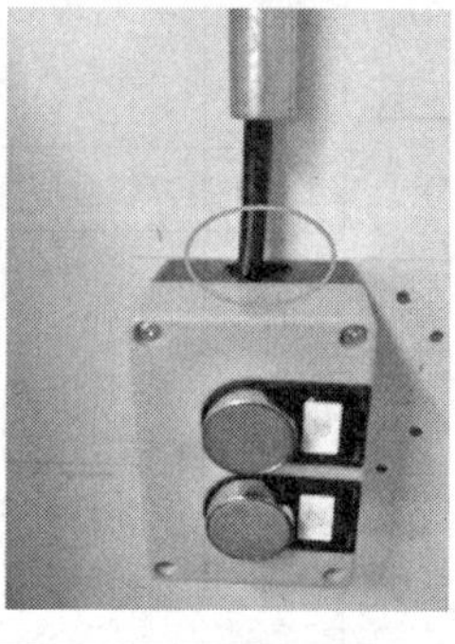

续表

项目		规范	正确示范	错误示范
金属线管加工与安装部分	E-41	线管入盒时必须对准盒的中心	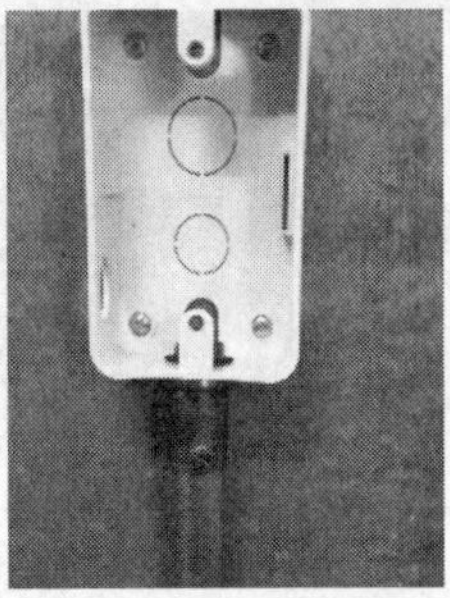	
	E-42	线管表面无施工痕迹残留	—	—
	E-43	线管两端必须光滑，无毛刺	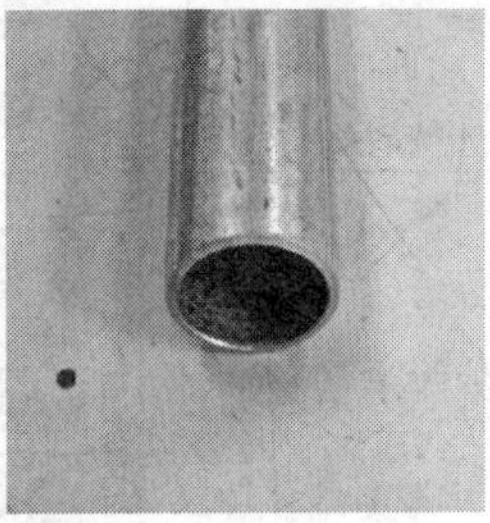	
电缆桥架加工与安装部分	E-44	电缆桥架的中心或边缘到参考线的尺寸误差在 ±2 mm 以内	—	—
	E-45	电缆桥架安装时要求水平、竖直		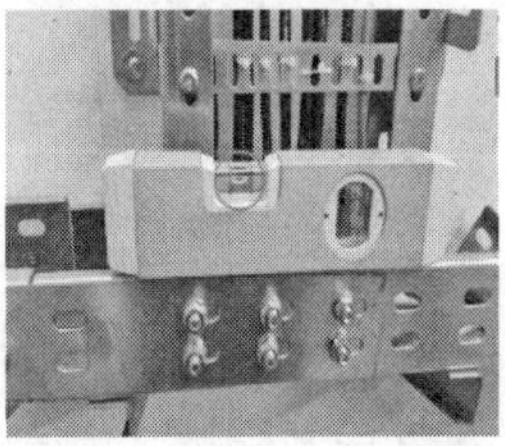
	E-46	电缆桥架直线段两端必须安装支架		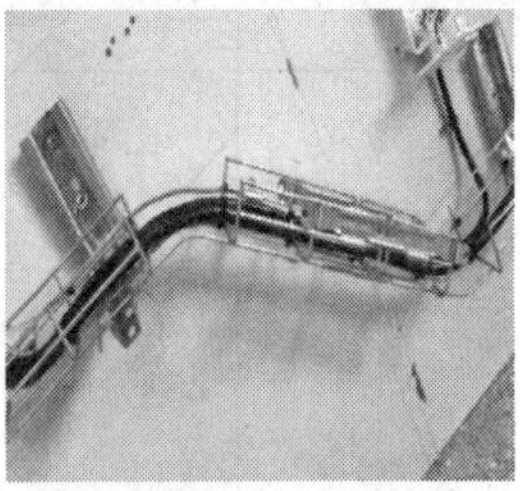
	E-47	电缆桥架表面无施工痕迹残留		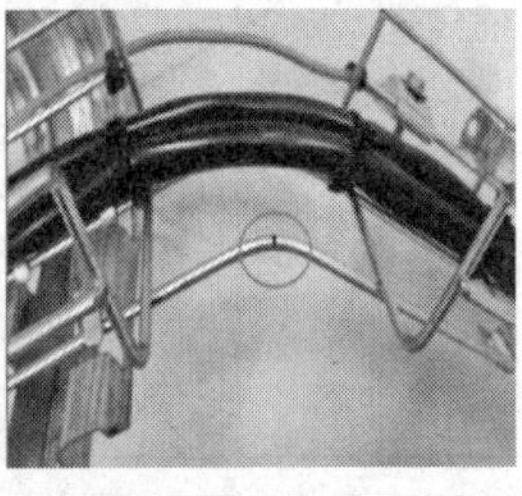

续表

项目		规范	正确示范	错误示范
电缆桥架加工与安装部分	E-48	电缆桥架剪切处必须光滑，无毛刺	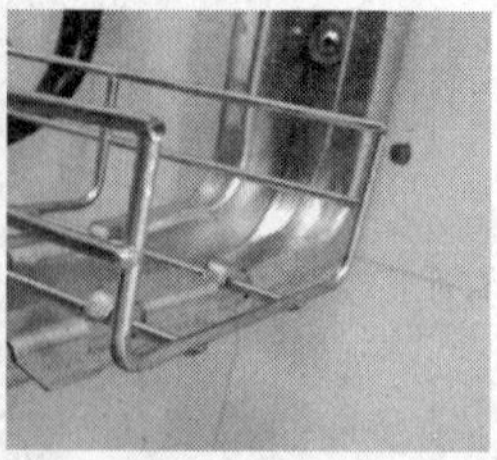	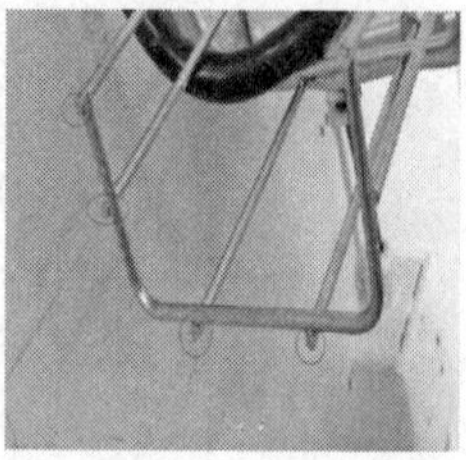
	E-49	电缆桥架上采用电缆布线		—
	E-50	电缆桥架上布线必须进行绑扎，且间距均匀，一般间距 100 mm 较适宜	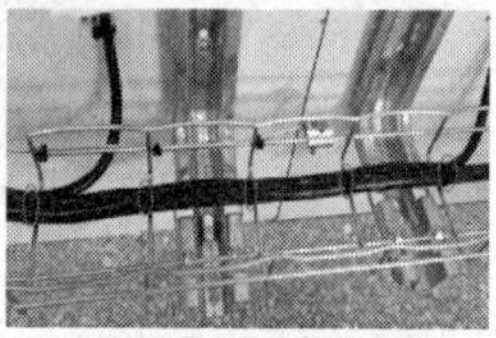	
	E-51	金属桥架必须进行接地处理		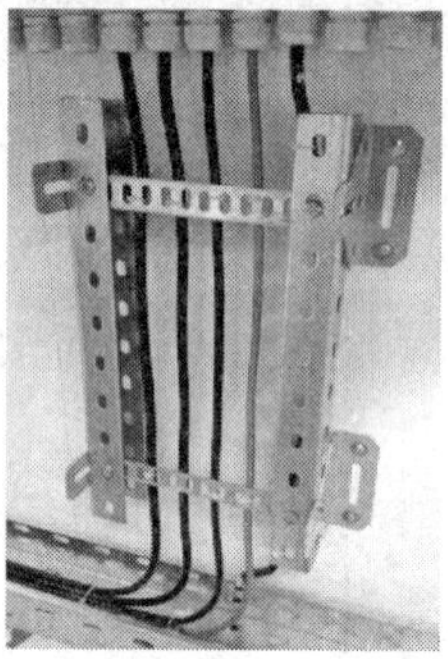
电缆布线	E-52	电缆进入盒（箱）处的中心到参考线的尺寸误差在 ±2 mm 以内	—	—
	E-53	终端点和弯曲处之间至少安装一个管卡	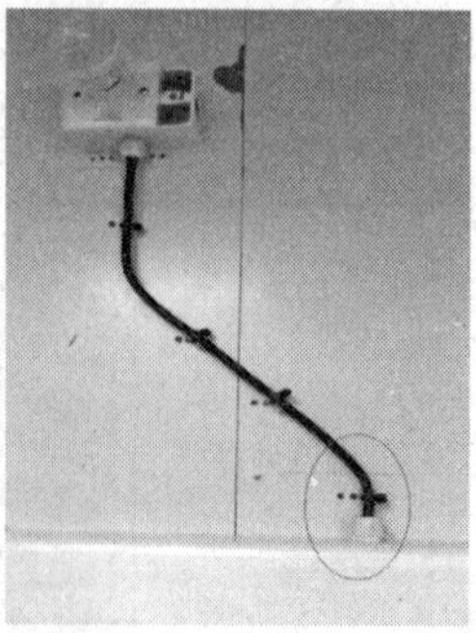	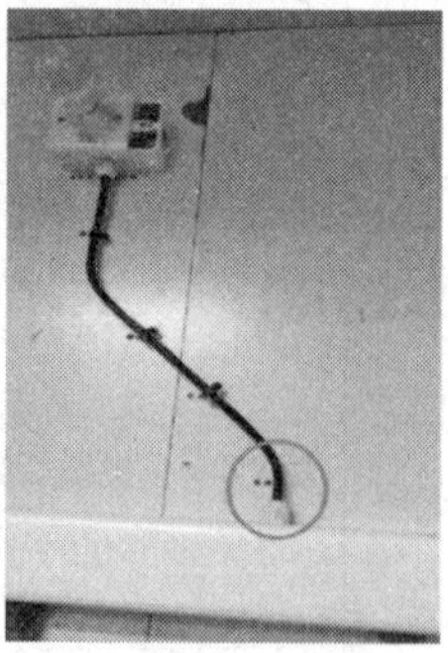

续表

项目		规范	正确示范	错误示范
电缆布线	E-54	两弯曲处之间至少安装一个管卡	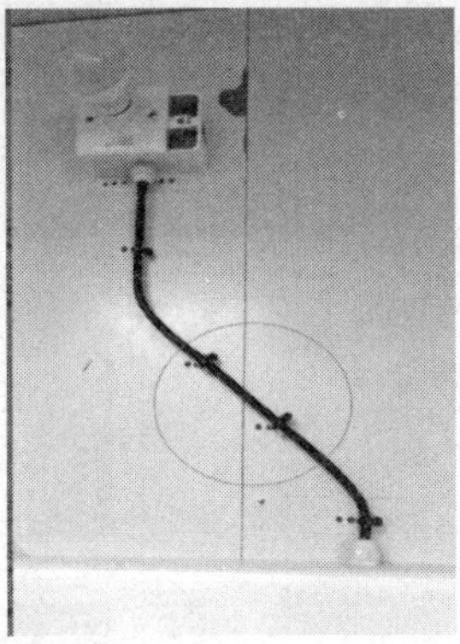	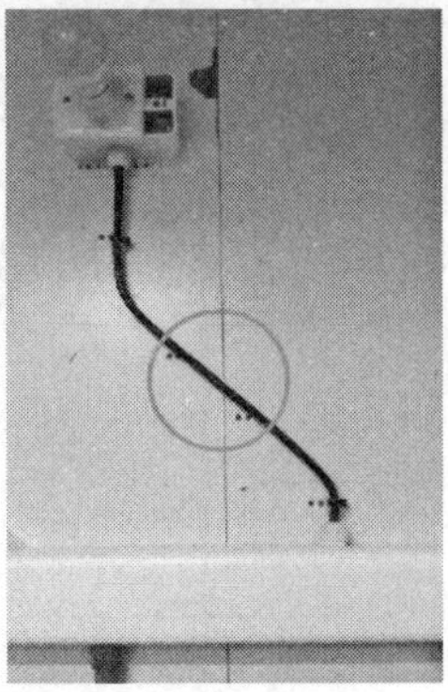
	E-55	终端点和终端点之间至少安装一个管卡		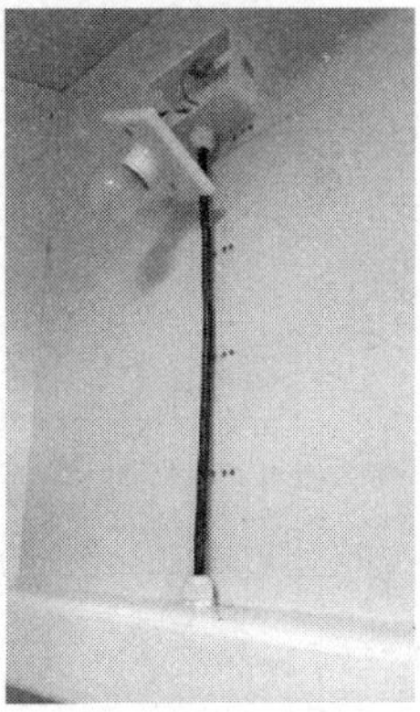
	E-56	至少每 300 mm 使用一个管卡	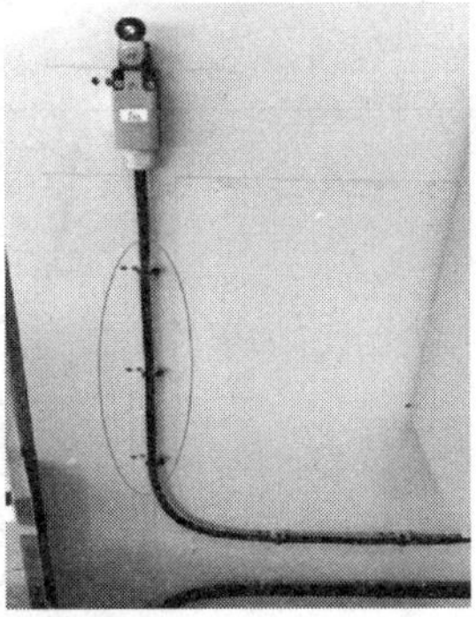	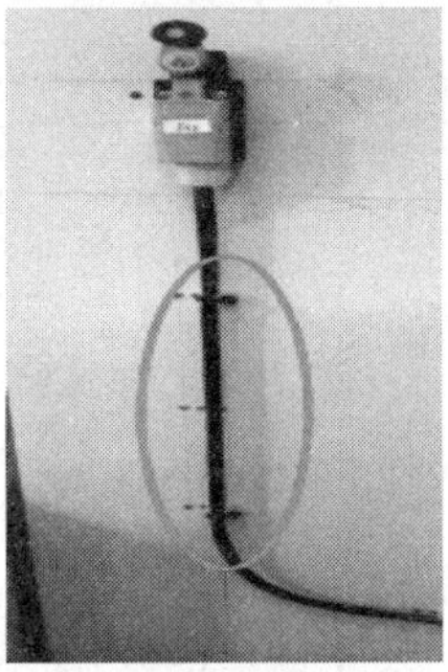
	E-57	电缆进入盒（箱）必须安装电缆接头	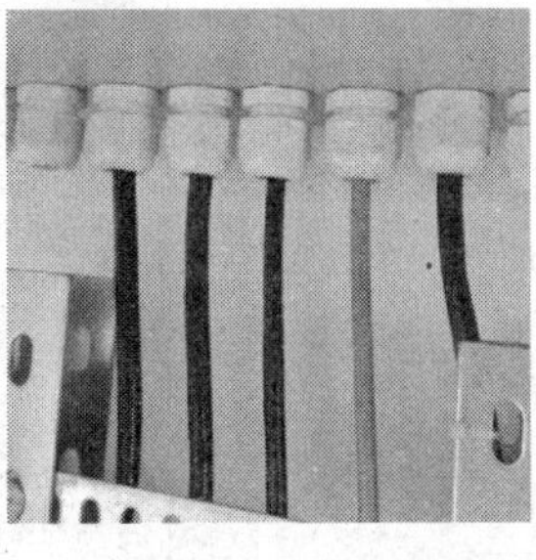	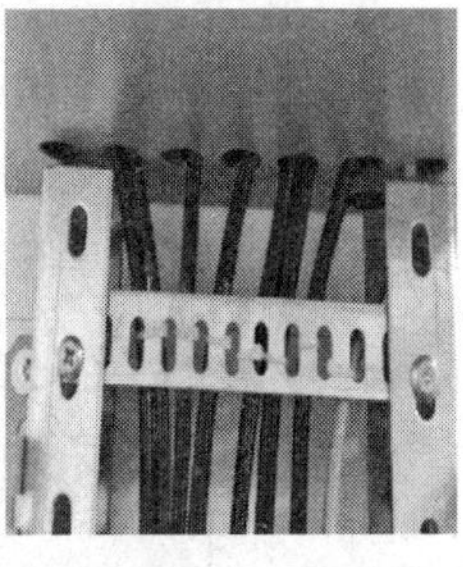

续表

项目		规范	正确示范	错误示范
电缆布线	E-58	连接电缆的接头必须紧固，无松动	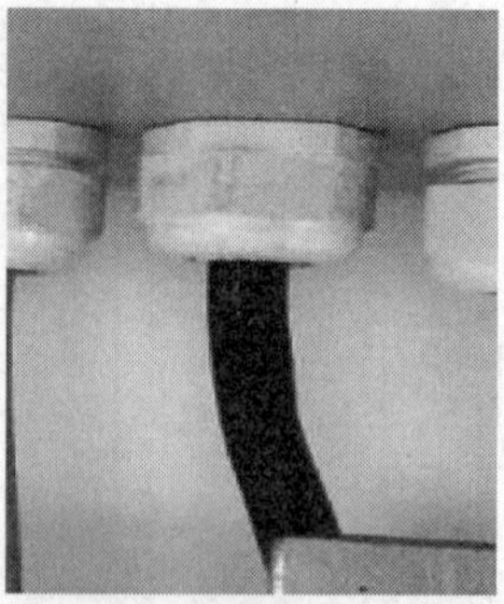	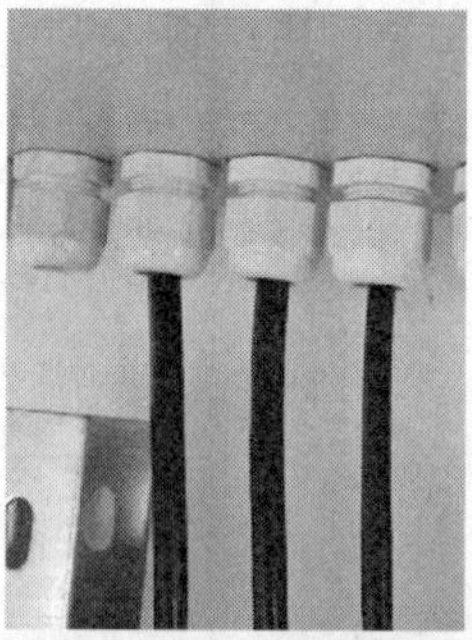
	E-59	电缆进入盒（箱）时其接线应留适当余量，一般 150 mm 较适宜		
	E-60	不要剪短无用的电缆并将其固定在电缆上	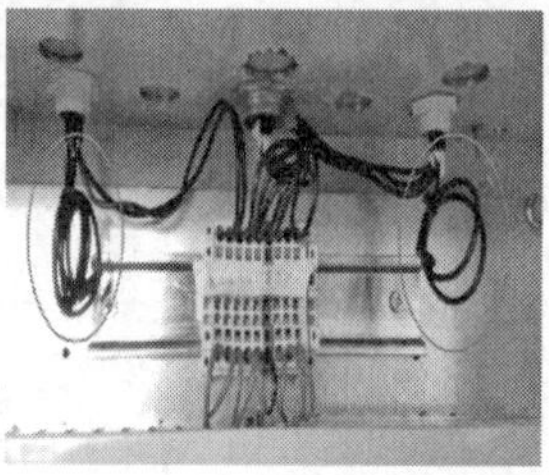	
	E-61	电缆的弯曲半径应为线管外径的 5～8 倍	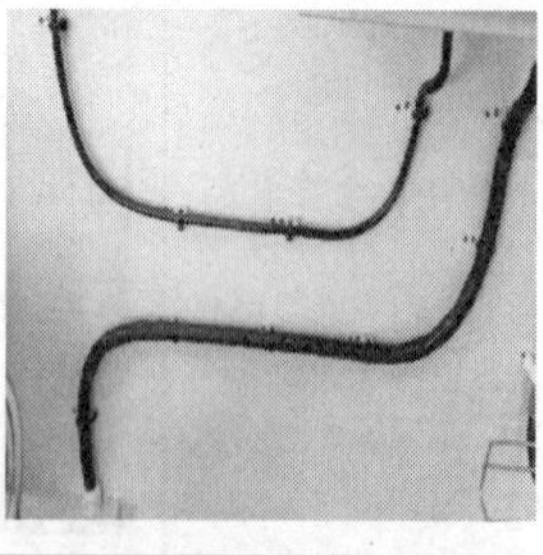	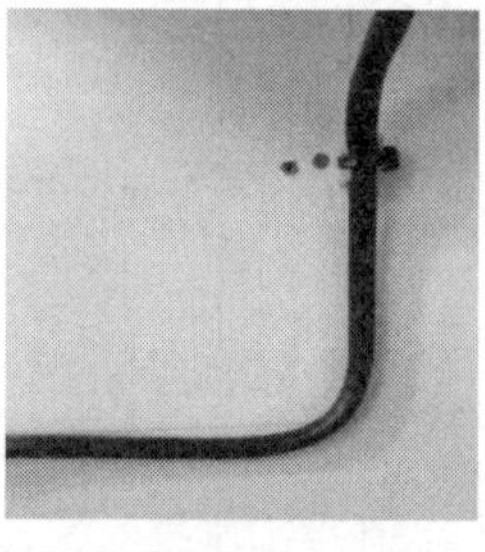
	E-62	电缆绝缘部分应在电缆接头内	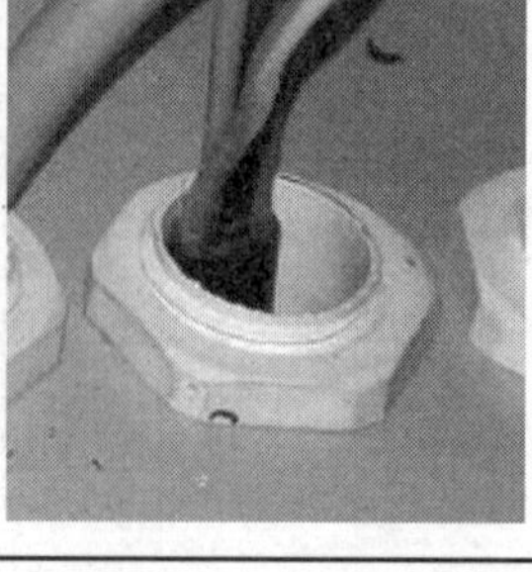	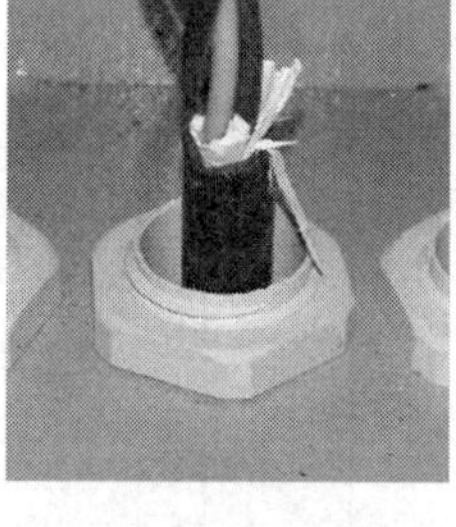

续表

项目		规范	正确示范	错误示范
盒（箱）安装	E-63	盒（箱）的中心或边缘到参考线的尺寸误差在 ±2 mm 以内	—	—
	E-64	盒（箱）安装时要求水平、竖直	 	
	E-65	盒（箱）必须安装牢固	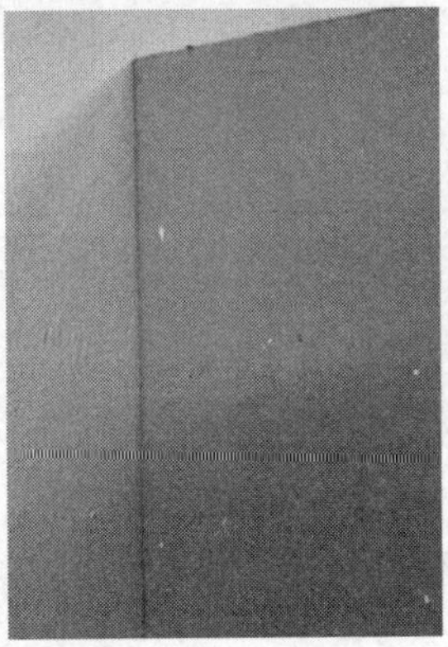	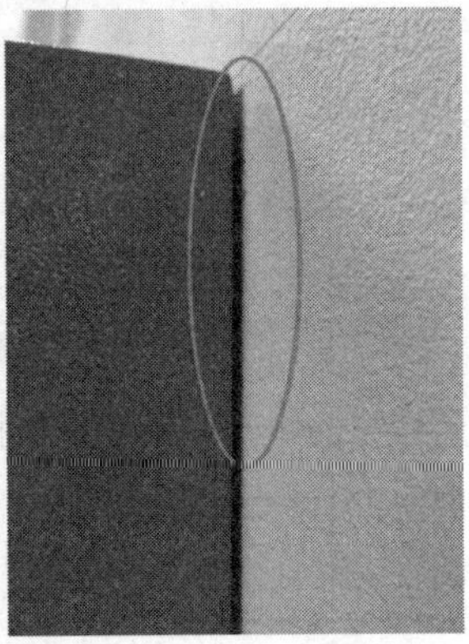
其他	E-66	材料无损坏	—	—
	E-67	根据零部件说明书组装和安装材料与线路，不能漏装配件	—	—
	E-68	不要求额外材料	—	—
	E-69	施工结束后，不残留施工痕迹，装置表面干净、整洁	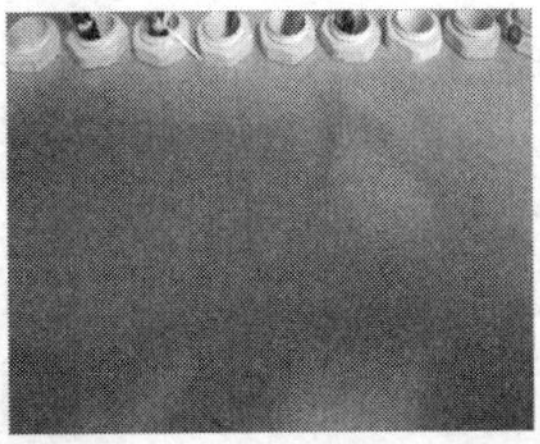	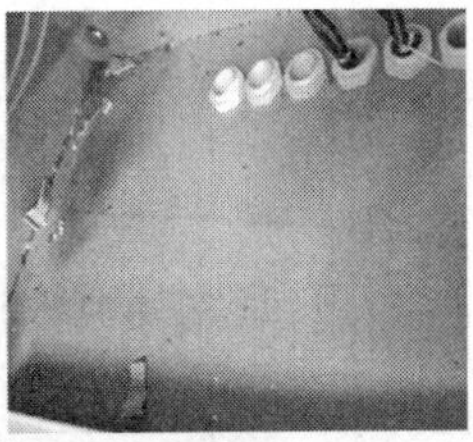

附表 5 布线与终端

项目		规范	正确示范	错误示范
配电箱布线	F-01	根据图纸要求选择元件	—	—
	F-02	箱内布线应规范，不凌乱		
	F-03	绑扎带切割不能留余太长，必须小于 1 mm 且不割手	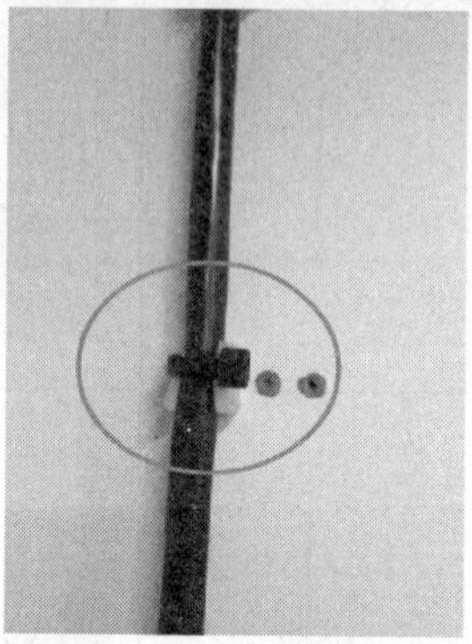	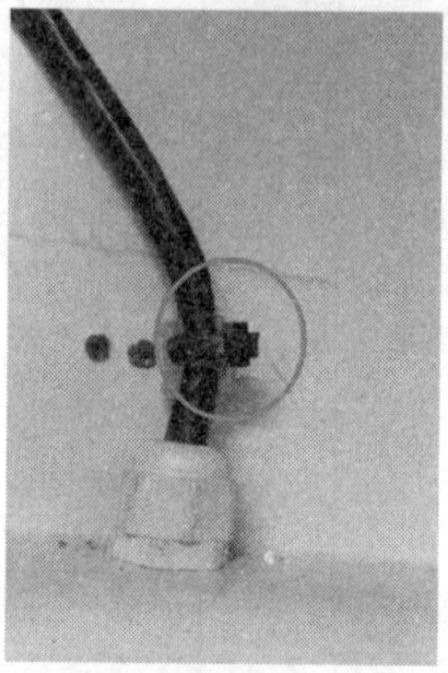
	F-04	配电箱内部与柜门连接处需留开关门余量		
	F-05	配电箱外部线路需经过接线端子接入配电箱	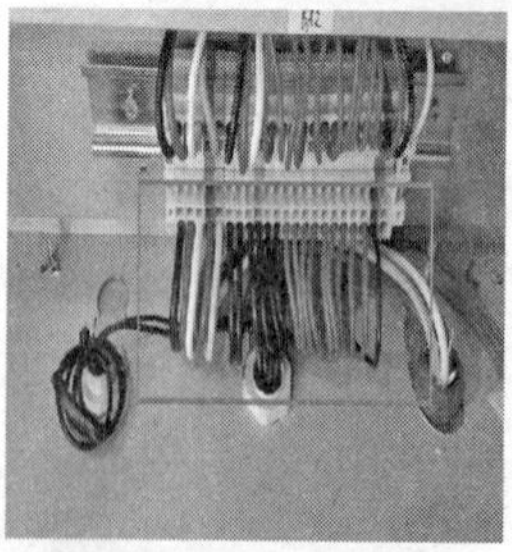	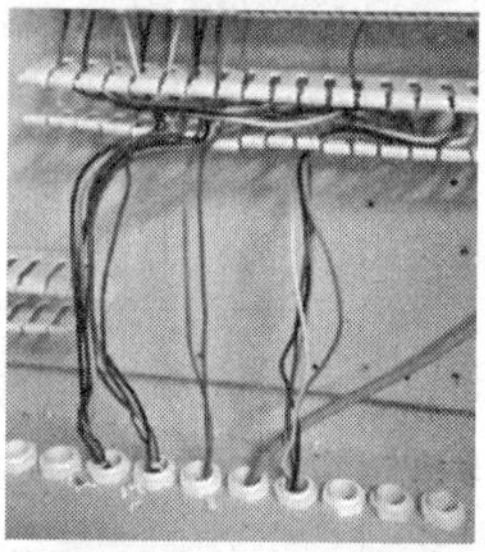
	F-06	接线端引出线排列整齐	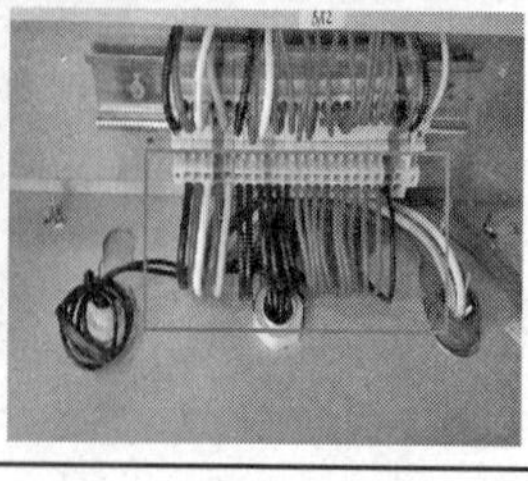	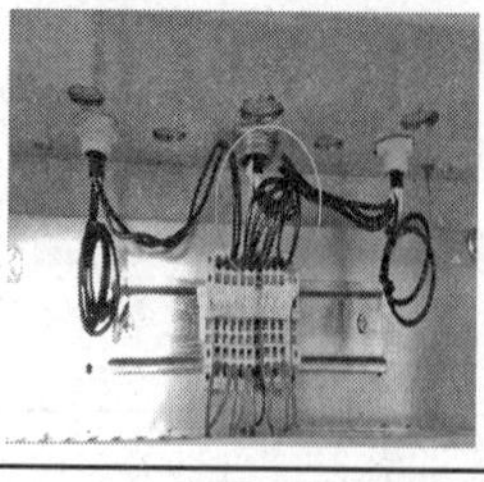

续表

项目		规范	正确示范	错误示范
配电箱布线	F-07	布线工艺整洁、大方，绑扎美观，导线之间不缠绕		
	F-08	导线弯曲半径均匀	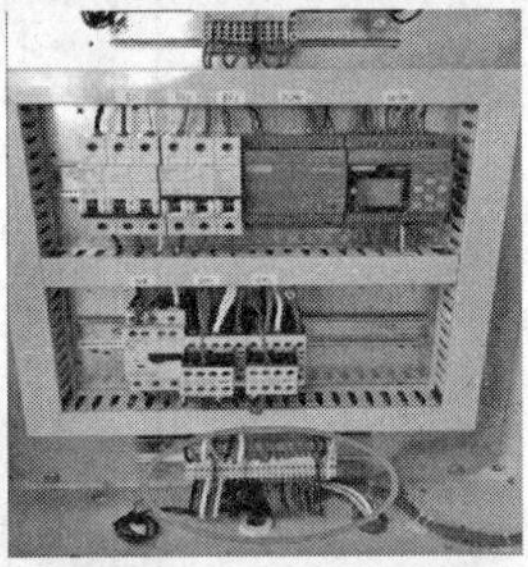	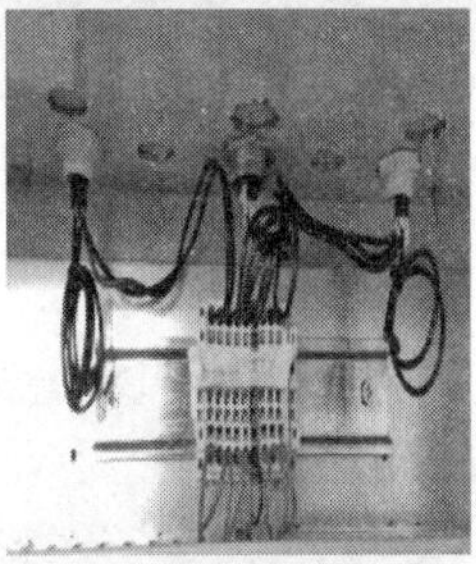
	F-09	接地双色线外侧颜色一致		
终端接线	F-10	不允许损伤导线绝缘，铜导线上无刻痕或切割损伤	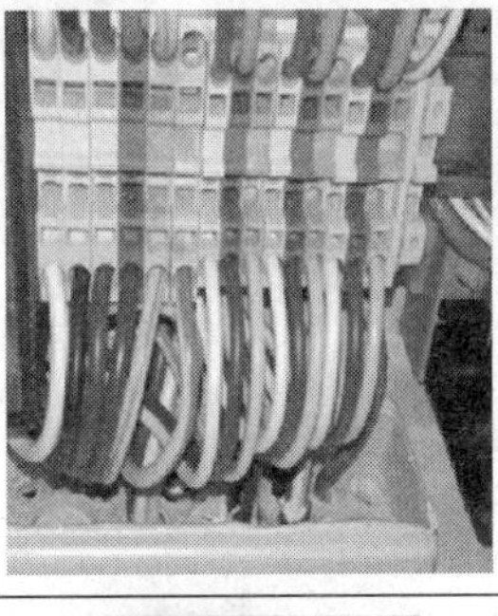	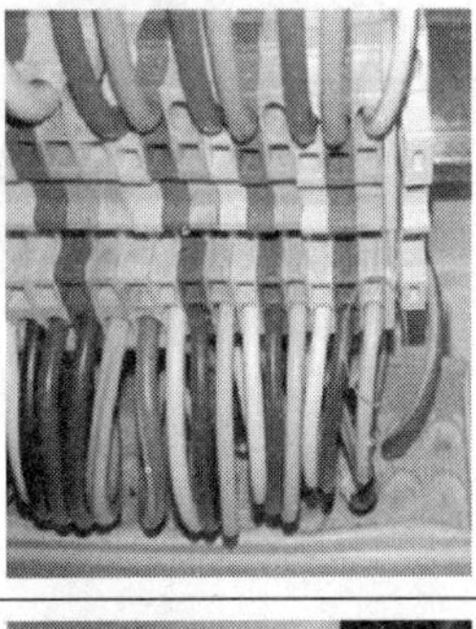
	F-11	连接处不能露铜（90° 方向观察）	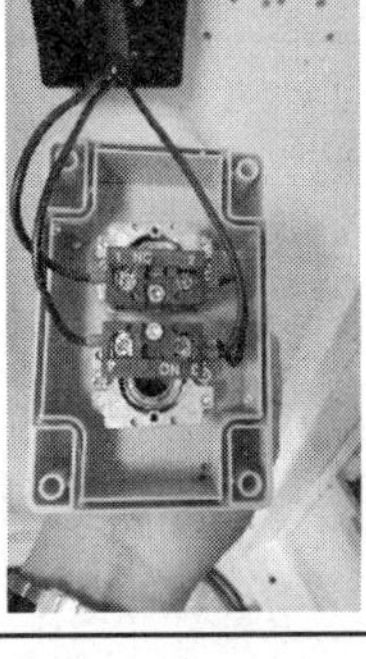	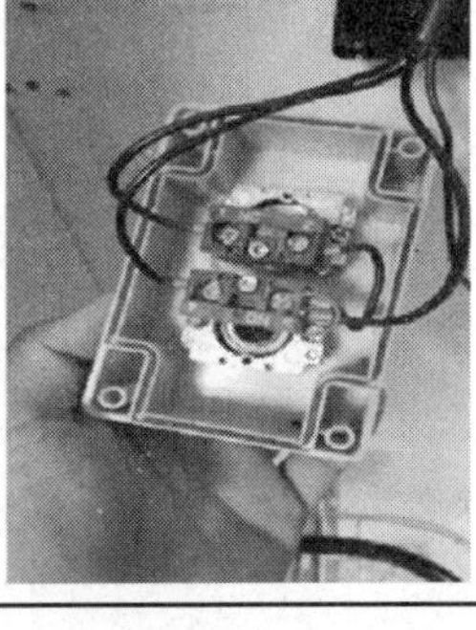

续表

项目		规范	正确示范	错误示范
终端接线	F-12	连接处不允许压绝缘		
	F-13	同一接线端子的接线不能超过一根	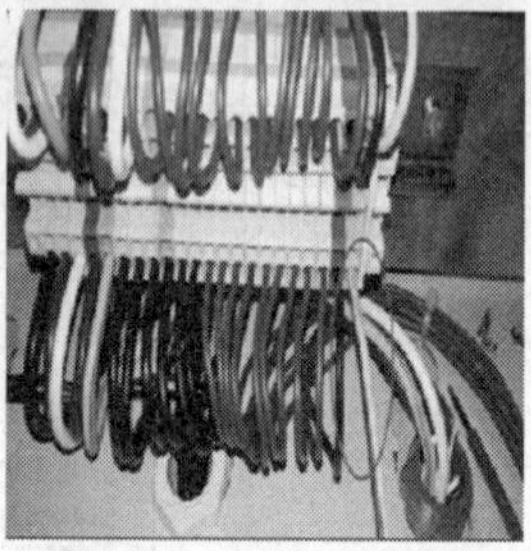	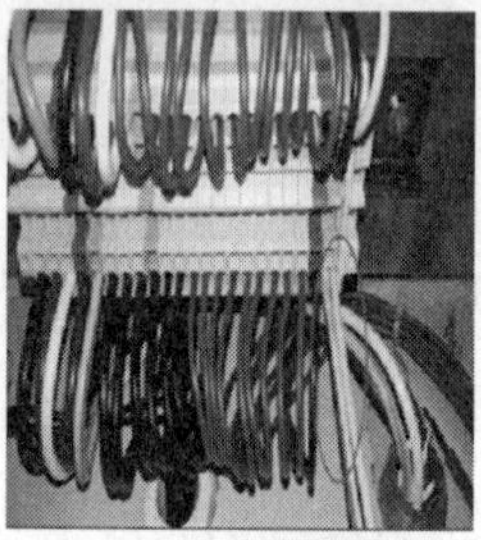
	F-14	接线端压接不能松动	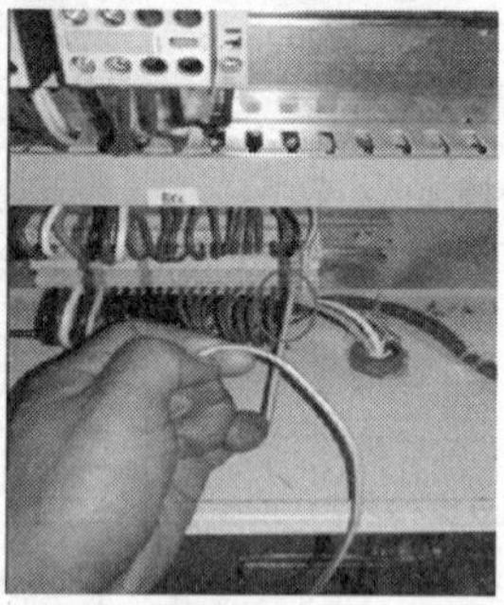	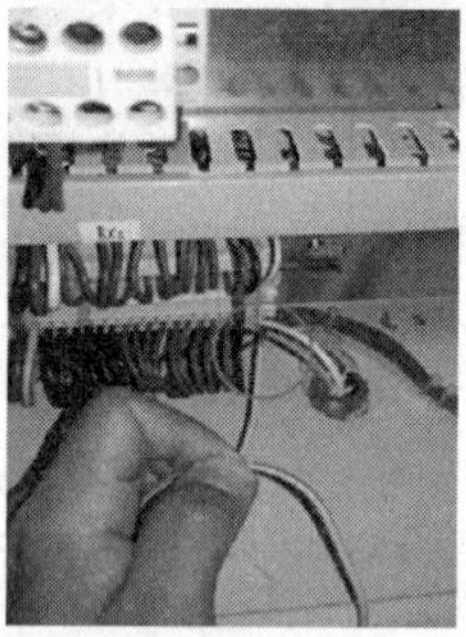

附录 2　第 45 届世界技能大赛全国选拔赛电气装置项目工作任务书（部分）

一、工作任务

某建筑物电气施工布局图和配电箱开孔布局要求如附图 1 所示。请在规定的时间内按要求完成以下工作任务。

1. 按照电气施工布局图，结合现场提供的材料，在模拟工作间内完成施工铺设。

2. 根据配电箱开孔尺寸要求，采用直流小型电动工具在动力配电箱上开孔并完成动力配电箱内部器件的布置。

3. 完成照明配电箱的设计、安装和接线。根据控制要求完成照明控制、电源插座控制等线路的设计、安装与调试（照明电路设计与控制要求另附）。

4. 根据动力控制功能要求并结合赛场所给出的器件情况，完成动力配电箱的设计、安装与调试：使用西门子 LOGO 智能逻辑控制器按要求完成控制程序的设计与编写并实现控制功能。

5. 选手完成全部安装任务后，所有设备（如开关、插座、线槽等）的盖板都已盖好，且完好无损：无暴露的或未完成接线的导线或电缆，进行通电前测试并填写测试报告。

6. 选手提交测试报告，经裁判同意并签名后方能通电调试，通电后若选手更改线路、设备安装，必须再次提交测试报告，经裁判再次同意并签名后方能重新通电调试：选手每重新通电一次将被扣除相应的分数，通电次数不得超过三次。

7. 照明线路中除电源进线线路（POS）和为 A1 箱供电的线路使用电缆以外，其他任何供电线路或控制线路不得使用电缆。

8. A1 与 A2 箱所有连接外部设备及进出箱体的线路必须在导轨上使用端子排连接，不允许跨箱接线。

9. 电源进线由 POS 端先进照明配电箱，经过电源总开关后引入动力配电箱。

二、线路设计基本要求

根据客户提供的线路设计基本要求布局图完成施工，并按照客户提出的要求完成线路设计，实现客户提出的要求。

所有外部设备必须在导轨上使用端子连接到 A1、A2 箱。

A1、A2 箱内部布局由选手自主设计。

按照国家标准，正确选择导线的颜色和线径。

选手必须按照我国现行相关国家标准和安全要求，结合本次选拔赛试题考核要求与现场耗材准备情况，正确选择断路器、热继电器及插座，正确整定热继电器过载保护值。

所有桥架、配电箱、金属管等必须安全接地。

LOGO 智能逻辑控制器输入端、输出端均使用 DC 24 V 电源供电。

三、竞赛时间

本模块操作时间为 780 min（13 h）。

四、模块分值

电气装置项目模块 1 分值为 80 分。

五、施工规范、标准与要求

1. 在完成工作任务的全过程中，严格遵守电气安装安全操作规程。

2. 电气安装过程中，照明线路参照《建筑电气工程施工质量验收规范》（GB 50303—2015）安装，低压电器参照《电气装置安装工程低压电器施工及验收规范》（GB 50254—2014）安装。

3. 选手必须按照布局图进行施工，不得擅自更改施工图纸中的安装和技术要求，若现场设备出现无法满足安装尺寸的情况，须经专家研究同意后方可修改。

4. 测试标准

（1）测试项目必须执行我国现行国家标准和安全要求。

（2）插座极性必须遵照国家标准。

（3）尺寸和水平、垂直通过比较图纸和实际安装结果进行评分，定义如下。

水平：相对被检查的设备在水平线上位置。

垂直：相对被检查的设备在垂直线上位置。

所有的尺寸都必须以特定的参考线（中心线）为基准：电缆和管件的尺寸是指向电缆和管件的中心，线槽和设备的尺寸是指向图纸上所标出的线槽和设备的中心或边缘。

允许误差标准见附表 6。

附表 6　　允许误差标准

项目	公差要求
水平 / 垂直	水平尺上的气泡在水平刻度线之间
尺寸	± 2 mm

5. 测试说明

（1）接地连续性电阻：主接地端和装置上所需接地的任意一点之间的电阻的值不能超过 0.5 Ω。

（2）绝缘电阻：任意带电导体和任意接地导体之间的电阻不能小于 1 MΩ。

6. 通电调试条件

选手在完成比赛安装任务后，还必须完成以下工作，才能进行通电调试。

（1）所有强制性的测试都已经完成，且必须达到以上“测试说明”要求，并且提交正确的测试报告。

（2）所有设备（如开关、插座、线槽等）的盖子都已经盖好，且完好无损。

（3）无暴露的或未完成接线的导线或电缆。

（4）桥架、配电箱、金属管等均需正确接地。

模块 1：电气设备安装

一、电气设备安装图纸（附图 1）

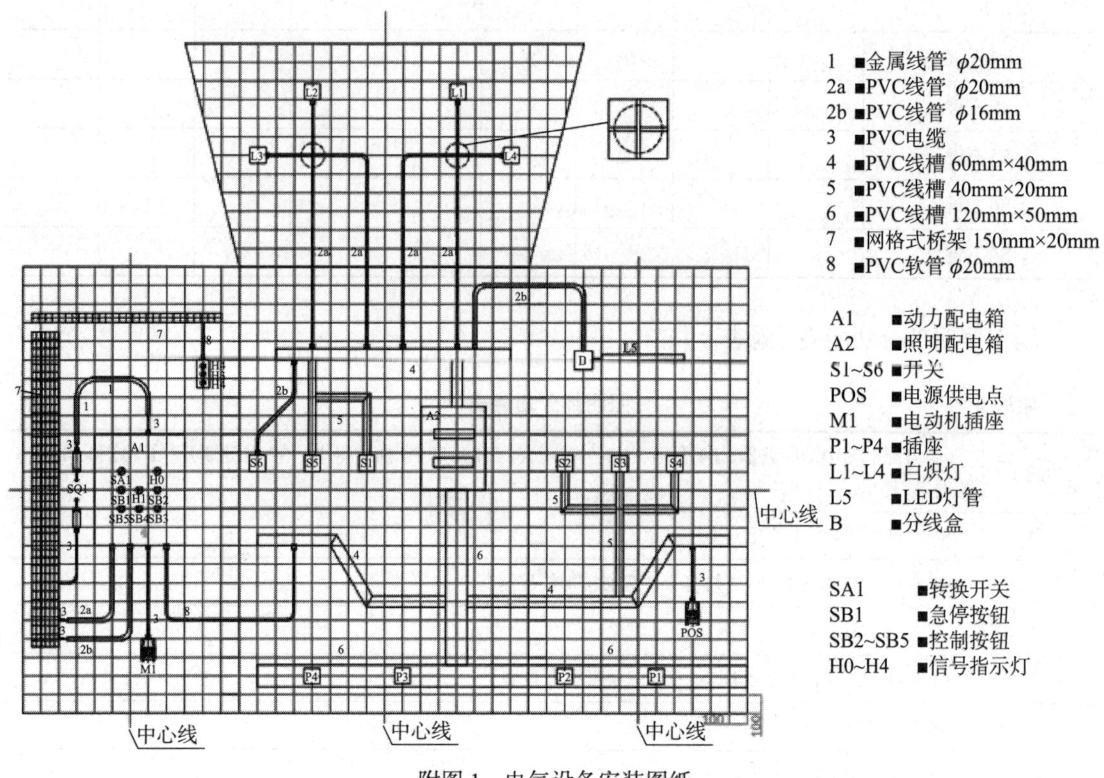

附图 1 电气设备安装图纸

二、A2 箱照明配电线路设计要求

1. 设备总供电电源：3L+N+PE，380 V（由 POS 供电）。

2. 照明线路供电电源：1L+N+PE，220 V。

3. 照明线路控制要求如下。

（1）用电设备：P1、P2 为 16 A 空调插座，P3、P4 为 10 A 电源插座，L1 ～ L4 为功率

25 W 的白炽灯，L5 为 LED 灯管。

（2）开关面板安装方向需一致：向下按动按键，灯或插座得电。

（3）控制器、执行器对照表（附表 7）

附表 7　　控制器、执行器对照表

照明线路总控制	F1 断路器								
照明线路控制	F2 断路器			F3 断路器			F4 断路器		
开关面板	L1	L2	L3	L4	P1	P2	L5	P3	P4
S1 左键				√					
S1 右键			√						
S2 左键	√								√
S2 右键								√	
S3						√			
S4 左键				√					
S5 左键				√					
S5 右键			√						
S6 左键		√							
S6 右键							√		

（4）照明部分功能表（附表 8）

附表 8　　照明部分功能表

功能 1	（动力配电箱中的断路器）F4 合闸，S2 左键闭合，L1 灯和 P4 插座得电；S2 右键断开，L1 灯和 P4 插座延时 5 s 断电
功能 2	S6 左键控制 L2 灯亮灭
功能 3	S1 右键、S5 右键控制 L3 灯亮灭（两层楼梯灯控制）
功能 4	F3 合闸，P1 插座得电
功能 5	S1、S4、S5 左键控制 L4 灯亮灭（三层楼梯灯控制）
功能 6	S3 控制 P2 插座得电
功能 7	S6 右键控制 L5 灯亮灭
功能 8	S2 右键控制 P3 插座得电

三、A1 箱动力配电线路设计要求

1. 基础条件

（1）供电电源：3L+N+PE，380 V。

（2）电动机：额定电压为 380 V，额定电流为 0.5 A，频率为 50 Hz。

（3）电动机插座：四孔工业插座。

2. 电动机控制要求

某建筑物仓库卷帘门由一台三相异步电动机（AC380 V，50 Hz，0.5 A，Y 形接法）拖动启、闭，为便于统一管理车辆出入，公司规定每周一至周五 7：00—17：00 采用自动控制的方式启、闭仓库门，如遇特殊情况，可转换为手动控制，由开关 SA1 完成自动、手动转换（SA1 打到左侧为手动），手动控制时卷帘门处于点动运行状态，具体控制要求如下。

（1）自动控制功能

正常运行模式下，卷帘门处于自动状态时，将转换开关 SA1 打到右侧位置，急停按钮 SB1（红色）位于复位状态。

1）卷帘门上升（电动机顺时针旋转）。第一次按 SB2 按钮，2 s 后卷帘门上升，第二次按 SB2 按钮，卷帘门暂停，第三次按 SB2 按钮，卷帘门无延时继续上升，第四次暂停，第五次无延时继续上升（可循环暂停 / 继续控制）……至卷帘门到达终点，碰压上限位开关 SQ1，上升结束。

2）卷帘门下降（电动机逆时针旋转）。第一次按 SB3 按钮，2 s 后卷帘门下降，第二次按 SB3 按钮，卷帘门暂停，第三次按 SB3 按钮，卷帘门无延时继续下降，第四次暂停，第五次无延时继续下降（可循环暂停 / 继续控制）……至卷帘门到达终点，碰压下限位开关 SQ2，下降结束。

（2）保护功能

1）出现异常现象时按下急停按钮 SB1（红色）；卷帘门无论在何位置，都应无延时直接上升至终点位置停止，此时，LOGO 屏幕以 1 Hz 的频率红白相间闪烁。

2）线路出现过载时，卷帘门立即停止，且在热继电器未复位前，卷帘门不能启动。

（3）手动控制功能

正常运行模式下，卷帘门处于手动状态时，将转换开关 SA1 打到左侧位置，急停按钮 SB1（红色）位于复位状态。

按下 SB4 按钮，卷帘门点动上升，碰压上限位开关 SQ1 后停止。

按下 SB5 按钮，卷帘门点动下降，碰压下限位开关 SQ2 后停止。

按下急停按钮 SB1 或过载时电动机立即停止。

（4）LOGO 模块自带的上下按键（▲、▼）的使用

为便于调试，LOGO 模块自带按键▲、▼可分别控制卷帘门点动上升与下降。

3. 信号指示灯控制要求

（1）H0（显示正常运行状态）：卷帘门启动（LOGO 通电），H0 常亮（白色）。

（2）H1（显示电动机检修运行时的状态）：卷帘门处于手动模式，上 / 下（顺转 / 逆转）运行时 H1 常亮（绿色）。

（3）H2（显示正常运行状态）：卷帘门向上运行时，H2 以 2 Hz 的频率闪烁（黄色）。

（4）H3（显示正常运行状态）：卷帘门向下运行时，H3 以 1 Hz 的频率闪烁（绿色）。

（5）H4（显示故障运行状态）：当线路中出现过载时，H4 以 1 Hz 的频率闪烁报警；按下急停按钮且过载时，H4 常亮（红色）。

4. 动力配电线路功能表（附表 9）

附表 9　　动力配电线路功能表

手动状态	
功能 1	动力箱合闸，SA1 打到手动状态（左侧），LOGO 编辑模块断电
功能 2	按下 SB4，电动机顺时针点动，碰压 SQ1 后停止
功能 3	按下 SB5，电动机逆时针点动，碰压 SQ2 后停止
功能 4	按下急停按钮 SB1 或者过载时，电动机立即停止；未恢复急停与过载时，电动机无法启动
功能 5	H1 在电动机运行时常亮，其余状态下熄灭
功能 6	SA1 打到自动状态时 H0 常亮，其余状态下熄灭
自动状态下，周一至周五 7：00—17：00	
功能 7	第一次按下 SB2，电动机延时 2 s 后顺时针正转，第二次按下 SB2，电动机立即停止
功能 8	第三次按下 SB2，电动机立即顺时针正转，第四次按下 SB2，电动机立即停止，第五次按下 SB2，电动机立即顺时针正转……可循环暂停 / 继续控制
功能 9	第一次按下 SB3，电动机延时 2 s 后逆时针反转，第二次按下 SB3，电动机立即停止
功能 10	第三次按下 SB3，电动机立即逆时针反转，第四次按下 SB3，电动机立即停止，第五次按下 SB3，电动机立即逆时针反转……可循环暂停 / 继续控制
功能 11	非急停和过载状态，当电动机顺时针正转时，碰压 SQ1 后电动机停止
功能 12	非急停和过载状态，当电动机逆时针反转时，碰压 SQ2 后电动机停止
功能 13	非急停和过载状态，操作 LOGO 模块自带按键▲，可控制电动机点动顺时针运行
功能 14	非急停和过载状态，操作 LOGO 模块自带按键▼，可控制电动机点动逆时针运行
功能 15	当按下急停按钮时，电动机无延时顺时针正转，直至碰压 SQ1 后电动机停止
功能 16	当按下急停按钮时，LOGO 屏幕以 1 Hz 的频率进行红白相间闪烁报警
功能 17	当电动机顺时针正转时，H2 以 2 Hz 的频率闪烁
功能 18	当电动机逆时针反转时，H3 以 1 Hz 的频率闪烁
功能 19	当电动机过载时，H4 以 1 Hz 的频率闪烁；当按下急停按钮且过载时，H4 常亮，此时电动机无法运转
功能 20	非要求的时间段内，按下 SB2、SB3，电动机无法启动。按下急停按钮时，电动机立即顺时针正转，碰到 SQ1 停止，此时 LOGO 屏幕以 1 Hz 的频率闪烁报警。若使电动机逆时针反转，则需将转换开关 SA1 打到手动状态

四、测试报告（附表 10）

附表 10　　测试报告

<table>
<tr><td>模块名称</td><td colspan="3">模块 1　电气设备安装</td><td>场次</td><td></td><td>工位号</td><td></td></tr>
<tr><td>项目</td><td colspan="2">第一次</td><td colspan="2">第二次</td><td colspan="3">第三次</td></tr>
<tr><td>绝缘电阻</td><td colspan="2"></td><td colspan="2"></td><td colspan="3"></td></tr>
<tr><td>接地连续性电阻</td><td colspan="2"></td><td colspan="2"></td><td colspan="3"></td></tr>
<tr><td>设备外观</td><td colspan="2">完好□　损坏□</td><td colspan="2">完好□　损坏□</td><td colspan="3">完好□　损坏□</td></tr>
<tr><td rowspan="2">第一次尝试</td><td>日期、时间</td><td>裁判 1（签名）</td><td colspan="2">裁判 2（签名）</td><td colspan="3">选手签名（工位号）</td></tr>
<tr><td></td><td></td><td colspan="2"></td><td colspan="3"></td></tr>
<tr><td rowspan="2">第二次尝试</td><td>日期、时间</td><td>裁判 1（签名）</td><td colspan="2">裁判 2（签名）</td><td colspan="3">选手签名（工位号）</td></tr>
<tr><td></td><td></td><td colspan="2"></td><td colspan="3"></td></tr>
<tr><td rowspan="2">第三次尝试</td><td>日期、时间</td><td>裁判 1（签名）</td><td colspan="2">裁判 2（签名）</td><td colspan="3">选手签名（工位号）</td></tr>
<tr><td></td><td></td><td colspan="2"></td><td colspan="3"></td></tr>
</table>

五、电气装置项目评分表（附表 11）

附表 11　　电气装置项目评分表

序号	评分项目	配分 / 分	得分
A	（个人与电气）安全	5	
B	功能与调试	15	
C	线路设计	10	
D	尺寸	15	
E	设备与线路安装	15	
F	布线与终端	15	
G	KNX 编程	15	
H	故障查找	10	
合计		100	

六、评分明细表（附表 12）

附表 12　　评分明细表

项目	名称或说明	类型 O= 客观 J= 主观	评分项目	评判分数 / 分	评分标准和说明	要求或标称尺寸	配分 / 分	得分 / 分	5 分
A		O	第一天健康与安全		无违规并保持工作间整洁，无违规（二次提醒），比赛日结束时工作间整洁，遵守比赛防疫要求 安全帽（穿戴场所，下同）：全程；防护手套：开孔，安装（钻、锯等），布线（终端接线、划线可不戴）；护目镜：钻、锯、使用热风枪；听力保护用具：钻、锯、使用热风枪	当值裁判；裁判长；安全员 第一次提醒，第二次警告，第三次扣分	0.75		
		O	第二天健康与安全		无违规并保持工作间整洁，无违规（二次提醒），比赛日结束时工作间整洁，遵守比赛防疫要求 安全帽：全程；防护手套：开孔，安装（钻、锯等），布线（终端接线、划线可不戴）；护目镜：钻、锯、使用热风枪；听力保护用具：钻、锯、使用热风枪	当值裁判；裁判长；安全员 第一次提醒，第二次警告，第三次扣分	0.75		
		O	第三天健康与安全		无违规并保持工作间整洁，无违规（二次提醒），比赛日结束时工作间整洁，遵守比赛防疫要求 安全帽：全程；防护手套：开孔，安装（钻、锯等），布线（终端接线、划线可不戴）；护目镜：钻、锯、使用热风枪；听力保护用具：钻、锯、使用热风枪	当值裁判；裁判长；安全员 第一次提醒，第二次警告，第三次扣分	0.75		
		O	所有接地点正确接地		金属部分和元器件有接地符号		0.75		
		O	通电时完成安装		请求通电时，安装全部完成（所有设备和盖子均到位）		0.50		
		O	通电时电气安装安全		请求通电时，电气安装安全（所有设备均已固定，电缆连接完成）		0.50		

续表

项目	名称或说明	类型 O= 客观 J= 主观	评分项目	评判分数 / 分	评分标准和说明	要求或标称尺寸	配分 / 分	得分 / 分	5 分
A			考前正确掌握测试绝缘电阻和接地连续性电阻的方法		接地测试：测量所有金属导体；绝缘测试：相对地，零对地				
		O	正确测试绝缘电阻		测试方法正确，且正确提交测试报告，两个裁判签字		0.50		
		O	正确测试接地连续性电阻		测试方法正确，且正确提交测试报告，两个裁判签字		0.50		
项目	名称或说明	类型 O= 客观 J= 主观	评分项目	评判分数 / 分	评分标准和说明	要求或标称尺寸	配分 / 分	得分 / 分	15 分
B1		O	测试报告正确，通电调试成功		首次通电调试成功，不需要再次调试 换元件，两个裁判在场 二次通电包括更改线路；更换下来的元件（断路器、接触器、热继电器、LOGO、KNX 元件等）经测试后为正常元件，则算二次通电。如果元件故障，可以申请补时		2.00		
		O	无短路或接地错误		通电和调试时无短路或接地错误		1.00		
		O	安全操作		上电、调试、编程时安全操作（所有电路通电）		1.00		
		O	贴标签		根据调试，所有设备标签正确		1.00		
B2	模块 1：功能（手动）	O	功能 1				0.50		
		O	功能 2				0.50		
		O	功能 3				0.50		
		O	功能 4				0.50		
		O	功能 5				0.50		
		O	功能 6				0.50		
B3	模块 1：功能（LOGO）	O	功能 7				0.50		
		O	功能 8				0.50		
		O	功能 9				0.50		
		O	功能 10				0.50		
		O	功能 11				0.50		

续表

项目	名称或说明	类型 O= 客观 J= 主观	评分项目	评判分数 / 分	评分标准和说明	要求或标称尺寸	配分 / 分	得分 / 分	15 分
B3	模块 1：功能（LOGO）	O	功能 12				0.50		
		O	功能 13				0.50		
		O	功能 14				0.50		
		O	功能 15				0.50		
		O	功能 16				0.50		
		O	功能 17				0.50		
		O	功能 18				0.50		
		O	功能 19				0.50		
		O	功能 20				0.50		
项目	名称或说明	类型 O= 客观 J= 主观	评分项目	评判分数 / 分	评分标准和说明	要求或标称尺寸	配分 / 分	得分 / 分	10 分
C	C	O	A1 箱布局正确		依照布局图		1.00		
		O	A2 箱布局正确		依照布局图		1.00		
		O	零线和地线的颜色选择正确（除卷帘门电源线外）		零线 = 黑 / 浅蓝双色线，地线 = 黄 / 绿双色线		1.00		
		O	信号指示灯选用正确				1.00		
		O	按钮选用正确				1.00		
		O	插座规格、极性正确				1.00		
		O	电动机过载整定正确				1.00		
		O	连接卷帘门电缆尺寸、颜色正确				0.50		
		O	连接电动机 1 电缆尺寸、颜色正确				0.50		
		O	连接电动机 2 电缆尺寸、颜色正确				0.50		
		O	连接电源的电缆尺寸、颜色正确（$5 \times 2.5mm^2$）				0.50		

续表

项目	名称或说明	类型 O= 客观 J= 主观	评分项目	评判分数 / 分	评分标准和说明	要求或标称尺寸	配分 / 分	得分 / 分	10 分
C	C	O	连接灯的电缆尺寸、颜色正确（3×1.5mm²）				0.50		
		O	连接插座的电缆尺寸、颜色正确（3×2.5mm²）				0.50		
项目	**名称或说明**	**类型 O= 客观 J= 主观**	**评分项目**	**评判分数 / 分**	**评分标准和说明**	**要求或标称尺寸**	**配分 / 分**	**得分 / 分**	**15 分**
D1	模块 1：水平 / 垂直	O	尺寸 1 正确			± 2mm	0.75		
		O	尺寸 2 正确			± 2mm	0.75		
		O	尺寸 3 正确			± 2mm	0.75		
		O	尺寸 4 正确			± 2mm	0.75		
		O	尺寸 5 正确			± 2mm	0.75		
		O	尺寸 6 正确			± 2mm	0.75		
		O	尺寸 7 正确			± 2mm	0.75		
		O	尺寸 8 正确			± 2mm	0.75		
		O	尺寸 9 正确			± 2mm	0.75		
		O	尺寸 10 正确			± 2mm	0.75		
D2		O	项目 1：				0.75		
		O	项目 2：				0.75		
		O	项目 3：				0.75		
		O	项目 4：				0.75		
		O	项目 5：				0.75		
		O	项目 6：				0.75		
		O	项目 7：				0.75		
		O	项目 8：				0.75		
		O	项目 9：				0.75		
		O	项目 10：				0.75		

续表

项目	名称或说明	类型 O= 客观 J= 主观	评分项目	评判分数 / 分	评分标准和说明	要求或标称尺寸	配分 / 分	得分 / 分	15 分
E1		O	根据图纸，正面墙体上各部件在正确的位置				1.00		
		O	根据图纸，左 / 右侧墙体上各部件在正确的位置				1.00		
		O	导轨固定卡：安全、牢固，无松动				1.00		
		O	所有底盒：安全、牢固，无晃动				1.00		
		O	开关、插座面板：安全、牢固，无晃动				1.00		
		O	百叶窗：安全、牢固，无晃动				1.00		
		O	A1、A2 箱：安全、牢固，无晃动				1.00		
		O	所有电缆防水接头：选用正确且安全、牢固				1.00		
		O	金属管：安全、固定，无晃动，且切割处已做安全处理				1.00		
		O	装置：美观、干净，无施工痕迹				1.00		
E2		J	PVC 管、软管、金属管：弯曲半径均匀、无变形，夹持均匀				1.00		
				0	低于行业标准或未做：管卡未均匀分布，进入线槽或箱体时终端处粗糙，弯曲半径不均匀，有变形。跨越处不匹配				
				1	符合行业标准：大部分弯曲半径均匀，有一些小变形。管卡均匀夹持，进入线槽或箱体时终端处正确。跨越处不匹配				

续表

项目	名称或说明	类型 O= 客观 J= 主观	评分项目	评判分数 / 分	评分标准和说明	要求或标称尺寸	配分 / 分	得分 / 分	15 分
E2				2	较好表现：所有弯曲半径均匀、无变形，管卡均匀夹持，进入线槽或箱体时终端处正确。跨越处接近匹配				
				3	超出行业标准：所有弯曲圆滑，有一致的弯曲半径和正确的角度。跨越处匹配				
		J	PVC 大线槽：牢固安装，连接处和角度美观、无缝隙，固定处无晃动				1.00		
				0	低于行业标准或未做：连接处切割粗糙，缝隙较大，盖子没有安装或未安装正确，线槽晃动或可移动				
				1	符合行业标准：连接处美观、均匀，但有缝隙，盖子安装好，无晃动或移动				
				2	较好表现：连接处美观，有些许小缝隙，盖子安装好，无晃动或移动				
				3	超出行业标准：连接处美观、无缝隙，盖子安装好，无晃动或移动				
		J	PVC 小线槽：牢固安装，连接处和角度美观、无缝隙，固定处无晃动				1.00		
				0	低于行业标准或未做：连接处切割粗糙，缝隙较大，盖子没有安装或未安装正确，线槽晃动或可移动				
				1	符合行业标准：连接处美观、均匀，但有缝隙，盖子安装好，无晃动或移动				
				2	较好表现：连接处美观，有些许小缝隙，盖子安装好，无晃动或移动				

续表

项目	名称或说明	类型 O= 客观 J= 主观	评分项目	评判分数 / 分	评分标准和说明	要求或标称尺寸	配分 / 分	得分 / 分	15 分
E2				3	超出行业标准：连接处美观、无缝隙，盖子安装好，无晃动或移动				
		J	电缆托盘桥架：牢固安装，连接处和角度美观、无缝隙，固定处无晃动或移动				1.00		
				0	低于行业标准或未做：连接处切割粗糙，缝隙较大，切割边缘锋利、有毛刺，桥架或支架晃动				
				1	符合行业标准：连接处美观、均匀，但有缝隙，有一些切割处有锋利边缘或毛刺，桥架或支架无晃动或移动				
				2	较好表现：连接处美观，有些许小缝隙，切割处无锋利边缘，但有一些毛刺，桥架或支架无晃动或移动				
				3	超出行业标准：连接处美观、无缝隙，切割处无锋利边缘或毛刺，桥架或支架无晃动或移动				
		J	电缆网格桥架：牢固安装，连接处和角度美观、无缝隙，固定处无晃动或移动				1.00		
				0	低于行业标准或未做：连接处切割粗糙，缝隙较大，切割边缘锋利、有毛刺，桥架或支架晃动				
				1	符合行业标准：连接处美观、均匀，但有缝隙，有一些切割处有锋利边缘或毛刺，桥架或支架无晃动或移动				

续表

项目	名称或说明	类型 O= 客观 J= 主观	评分项目	评判分数 / 分	评分标准和说明	要求或标称尺寸	配分 / 分	得分 / 分	15 分
E2				2	较好表现：连接处美观，有些许小缝隙，切割处无锋利边缘，但有一些毛刺，桥架或支架无晃动或移动				
				3	超出行业标准：连接处美观、无缝隙，切割处无锋利边缘或毛刺，桥架或支架无晃动或移动				
项目	名称或说明	类型 O= 客观 J= 主观	评分项目	评判分数 / 分	评分标准和说明	要求或标称尺寸	配分 / 分	得分 / 分	15 分
F1		O	A1 箱：所有导线正确终止，无松动和漏铜		90° 直视，不露铜，铜导线上无割伤，线针无裂纹		2.00		
		O	A2 箱：所有导线正确终止，无松动和漏铜		90° 直视，不露铜，铜导线上无割伤，线针无裂纹		2.00		
		O	接线安全、牢固且无漏铜				6.00		
F2		J	A1 箱：布线整齐、美观				1.50		
				0	低于行业标准或者未做：所有导线未编扎或编扎不整洁，导线接入开关时不直且不垂直进入				
				1	符合行业标准：所有编扎整洁，但有一些交叉。一些导线接入开关是直且垂直进入				
				2	超出行业标准：所有导线编扎整洁，极少有交叉。大部分导线接入开关是直且垂直进入				
				3	模范表现：所有导线编扎整洁，无交叉。所有导线接入开关是直且垂直进入				

续表

项目	名称或说明	类型 O= 客观 J= 主观	评分项目	评判分数 / 分	评分标准和说明	要求或标称尺寸	配分 / 分	得分 / 分	15 分
		J	A2 箱：布线整齐、美观				1.50		
				0	低于行业标准或者未做：所有导线未编扎或编扎不整洁，导线接入开关时不直且不垂直进入				
				1	符合行业标准：所有编扎整洁，但有一些交叉。一些导线接入开关是直且垂直进入				
				2	超出行业标准：所有导线编扎整洁，极少有交叉。大部分导线接入开关是直且垂直进入				
				3	模范表现：所有导线编扎整洁，无交叉。所有导线接入开关是直且垂直进入				
F2		J	金属桥架：电缆整齐、美观				1.00		
				0	低于行业标准或者未做：电缆不整洁，未安全固定到桥架，弯曲半径不均匀，电缆未正确隔离				
				1	符合行业标准：电缆整洁，不是所有的电缆绑扎和弯曲半径都均匀，无扭曲和打结，电缆正确隔离				
				2	超出行业标准：电缆整洁，捆绑美观，平行走线。扎带间隔均匀，大部分弯曲半径都均匀，无扭曲和打结，电缆正确隔离				
				3	模范表现：电缆非常整洁，完美捆绑或平行走线，扎带间隔均匀，弯曲半径均匀，无扭曲和打结，电缆正确隔离				

续表

项目	名称或说明	类型 O= 客观 J= 主观	评分项目	评判分数 / 分	评分标准和说明	要求或标称尺寸	配分 / 分	得分 / 分	15 分
F2		J	软电缆、PVC 电缆的夹持				1.00		
				0	低于行业标准或者未做：夹持（线卡间距）不均匀，电缆不直、不紧固，弯曲角度太大或太小				
				1	符合行业标准：电缆直且紧固，弯曲处好，但是夹持不均匀				
				2	超出行业标准：电缆直且紧固，弯曲处好，大部分夹持均匀				
				3	模范表现：所有电缆直且紧固，弯曲处好，所有的夹持均匀				

项目	名称或说明	类型 O= 客观 J= 主观	评分项目	评判分数 / 分	评分标准和说明	要求或标称尺寸	配分 / 分	得分 / 分	15 分
G		O	KNX 功能正确 1				1.00		
		O	KNX 功能正确 2				1.00		
		O	KNX 功能正确 3				1.00		
		O	KNX 功能正确 4				1.00		
		O	KNX 功能正确 5				1.00		
		O	KNX 功能正确 6				1.00		
		O	KNX 功能正确 7				1.00		
		O	KNX 功能正确 8				1.00		
		O	KNX 功能正确 9				1.00		
		O	KNX 功能正确 10				1.00		
		O	KNX 功能正确 11				1.00		
		O	KNX 功能正确 12				1.00		
		O	KNX 功能正确 13				1.00		
		O	KNX 功能正确 14				1.00		
		O	KNX 功能正确 15				1.00		

续表

项目	名称或说明	类型 O= 客观 J= 主观	评分项目	评判分数 / 分	评分标准和说明	要求或标称尺寸	配分 / 分	得分 / 分	10 分
H		O	正确查找故障点 1				1.00		
		O	正确查找故障点 2				1.00		
		O	正确查找故障点 3				1.00		
		O	正确查找故障点 4				1.00		
		O	正确查找故障点 5				1.00		
		O	正确查找故障点 6				1.00		
		O	正确查找故障点 7				1.00		
		O	正确查找故障点 8				1.00		
		O	正确查找故障点 9				1.00		
		O	正确查找故障点 10				1.00		
									100 分